수냐샘의
중학수학,
이렇게
바뀐다

수냐샘의
중학수학,
이렇게
바뀐다

초등수학과 중학수학의 차이 나는 공부법

김용관 지음

궁리
KungRee

저자의 말

•

    아이가 중학교에 들어가게 됐습니다. 걱정이 좀 되더군요. 중학수학을 따라갈 수 있을까? 수학 때문에 스트레스를 받지 않으며 공부해갈 수 있을까? 학원이나 사교육의 도움 없이 초등수학은 무사히(?) 공부했는데, 중학수학도 그럴 수 있을지 의문스러웠습니다. 수학을 포기하는 중학생들이 많다는 현실을 잘 알고 있었기 때문입니다. 뭐라도 해야겠다고 다짐했습니다.

    학생들은 왜 중학수학을 '더' 어려워할까? 궁금했습니다. 그럴 만한 이유가 있을 거라고 생각했습니다. 그 이유를 찾아보기 위해 초등학교와 중학교 수학 교과서를 꼼꼼하게 살펴봤습니다. 살펴보니 중학수학은 초등수학과 판이하게 다르더군요. 말 그대로 180도 달라집니다. 그걸 모른 채 초등수학을 공부하듯이 중학수학을 공부한다면 큰일 나겠다 싶었습니다.

중학수학은 초등수학에 견주어 어떻게 달라지는가? 이 주제를 '감히' 다뤄보고자 합니다. 내용이 달라지는가를 보는 게 아닙니다. 수학을 공부하는 방법의 변화에 초점을 맞춥니다. 수학을 보는 관점의 변화를 말합니다. 이 변화가 더 근본적입니다. 중학수학은 이 변화를 반영하고 있습니다. 그 변화를 드러내기 위해, 중학수학을 초등수학과 비교해볼 것입니다. 비교를 통해 둘 사이의 연속보다는 단절과 비약을 강조하려 합니다.

모든 것은 변합니다. 수학 역시 변해왔습니다. 초등수학에서 중학수학의 변화는 언젠가 수학이 거쳐왔던 변화를 닮아 있습니다. 그 변화를 알아차리고, 그 변화에 맞게 공부해야 합니다. 그래야 수학 공부에 실패하지 않을뿐더러, 수학의 맛을 제대로 음미할 수 있습니다.

수학 하면 우리는 어렵다는 말을 바로 떠올립니다. 재미있어 죽겠다는 사람은 거의 없습니다. 그러다보니 수학을 포기하지 않고 좋은 성적을 거두는 것이 수학 공부의 목표처럼 돼버렸습니다. 수학만이 줄 수 있는 쾌감, 관점, 사고방식을 맛보는 것은 언감생심입니다. 그러나 우리가 수학을 공부할 바에야, 수학의 맛을 진하게 느껴봐야 합니다. 그 출발지가 중학수학이라는 점에서, 중학수학을 어떻게 공부하느냐는 매우 중요합니다.

중학수학을 배워가는 학생을 고려하면서 이 책을 썼습니다. 중학수학 전반을 다루고 있지만, 그렇다고 중학수학의 모든 내용을 다루지는 않습니다. 이 책의 주제와 관련된 부분만을 선별하고, 그 부분들을 이어가면서 중학수학을 스케치해갈 것입니다. 중학수학의 윤곽을 대강 그려볼 겁니다. 정밀한 모양새는 각자 공부해가면서 다듬어가면 됩니다.

그러나 중학수학을 시작하는 학생만을 위한 책은 아닙니다. 중학수학을 이미 공부한 학생, 중학수학 교육에 몸담고 있거나 관련 있는 분들까지 염두에 두고서 썼습니다. 그래서 중학수학을 갓 시작하는 학생이 이해하기 쉽지 않은 부분도 있습니다. 그럴 때는 방법이 있습니다.

이 책은 영역별로 나눠져 있습니다. 한꺼번에 쭉 이어서 읽지 않아도 됩니다. 어렵다 싶으면 학교에서 해당 내용을 배우고 난 다음 그때그때 읽어보세요. 더 잘 이해하실 수 있을 겁니다. 그래도 중학수학의 변화, 수와 연산을 다루는 7장까지는 꼭 먼저 읽어보세요. 읽으실 수 있고, 공부하는 데 도움이 될 겁니다.

이 책은 사실 나오지 말았어야 할 책입니다. 수학 공부를 도와준다는 책 말입니다. 병 주고서 약 주는 격입니다. 공부하기 어렵게 만들어놓고, 공부 잘하는 법을 또 공부하게 합니다. 그 부담은 고스란히 학생들이 지게 됩니다. 약을 주려고만 할 게 아니라 병을 없애버릴 도리는 없는지 진지하게 모색해봐야 합니다. 공부하는 것은 학생의 책임이지만, 공부할 여건을 만들어주는 것은 사회의 책임 아닐까요?

책이 나오기 전에 먼저 읽어보고 조언을 아끼지 않은 원묵중학교 류수경 선생님, 판곡중학교 김상미 선생님께 감사합니다. 글을 더 촘촘하게 다듬을 수 있었습니다. 궁리출판사 가족분들, 이번에도 또 감사합니다. 그리고 내 삶에 생기를 불어넣어주며, 이 책을 쓸 수 있는 사건으로 다가와준 쭌쭌. 고마워. 이 책이 세상에서 사라지지 않고, 나름의 역할을 해나갔으면 좋겠습니다. 특히 우리 청소년들이 어려운 수학을 공부하는 데 조금이라도 도움이 된다면 참 좋겠습니다.

청소년 여러분, 기죽지 말고 꿋꿋하게 피어나주세요. 그래야 이 세상이 더 아름다워집니다. 파이팅!

2017년 12월

수냐

차례

일러두기

본문에 현행 초등학교, 중학교 수학 교과서 내용을 재구성하여 실었습니다.
교과 내용 하단에 몇 학년, 어느 단원인지 표시해두었습니다.

01

중학수학,
확 달라진다!

달라지는 수학, 늘어나는 수학포기자

그레고르 잠자는 평범한 영업사원이었다. 부모님과 여동생의 생계를 책임지기 위해서 열심히 일했다. 몇 년 동안 하루도 빠지지 않고, 아침 일찍부터 일했다. 그러던 어느 날 악몽에 시달리다가 깨어났는데 세상이 완전히 바뀌어 있었다. 자신이 끔찍하고 흉측한 벌레로 변해 있었다. 그 상황에서도 출근을 걱정하지만 그는 제대로 움직이지도 못한다. 이런 변신을 알아챈 가족과 직장 상사는 놀라 그를 방에 가둬버린다. 주인공이 맞이하는 세상은 달라졌다. 그의 삶 또한 그 이전과 완전히 달라진다. 카프카의 소설 『변신』이야기다.

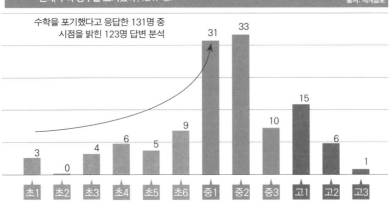

언제 수학 공부를 포기했나?(단위: 명)　　　　출처: 세계일보

수학을 포기했다고 응답한 131명 중
시점을 밝힌 123명 답변 분석

초1 3 / 초2 0 / 초3 4 / 초4 6 / 초5 5 / 초6 9 / 중1 31 / 중2 33 / 중3 10 / 고1 15 / 고2 6 / 고3 1

　어느 날 갑자기 수학이 달라졌다. 더 딱딱해지고, 더 어려워지고 복잡해진다. 다항식, 방정식, 함수, 그래프 등 낯선 용어도 튀어나온다. 영어시간도 아닌데 a, b, x, y 같은 영어도 마구 등장한다. 중학수학 이야기다. 초등학교에서 중학교로 온 순간, 수학은 급격하게 달라진다.

　수학의 갑작스런 변화는 학생들에게 고스란히 전해진다. 한 기관에서 수학을 포기했다는 학생들을 대상으로 물었다. 언제 수학을 포기하게 됐느냐고. 조사 결과 1위는 중학교 2학년, 2위는 중학교 1학년이었다.[*] 1학년 때 포기할까 말까 망설이다가, 2학년 때 비로소 포기해버린 경우도 꽤 많지 않을까 싶다.

　중학교 수학 교과서를 내는 출판사 한 곳에서도 비슷한 조사를 했다. 수학을 포기하고 싶은 순간이 언제였냐고 고등학생에게 물었다. 언제 수학이 가장 힘들고 어려웠냐고. 조사결과 중학교 1학년은 13%, 중학

---

[*]　세계일보, 2014년 4월 7일자 기사를 기반으로 한 사교육걱정없는세상 자료.

교 2학년은 10%였다. 2위와 3위를 차지했다. 1위는 45%를 차지한 고등학교 1학년이었다.[**] 중학교와 고등학교에 들어가면서 학생들은 수학을 더 어렵게 느끼며 포기해간다.

학교성적을 바탕으로 한 조사도 눈여겨볼 만하다. 학생들의 수학 이해도를 우수, 보통, 기초, 기초미달 4개로 나눴다. 이 중 기초와 기초미달에 해당하는 학생들, 수포자라고 분류할 수 있는 학생들의 비율을 조사했다. 이 비율이 20% 이상인 중학교는 전국 3179곳 가운데 86.4%인 2747곳이었다. 10개 중학교 중 9개 정도에 수포자가 20% 이상 존재했다. 반면 수포자가 20% 이상인 고등학교는 전체의 32.4%로 중학교보다는 더 낮았다.[***]

중학생이 되면 수학은 마냥 멀어져간다. 학생을 전혀 아랑곳하지 않는다. 학생도 그런 수학에 대해 기꺼이 반항적으로 맞선다. '에라, 모르겠다!'라며 수학을 놔버린다. 비극적인 현실이다.

단지 문제가 어려워져서가 아니다

수학은 대부분의 학생들에게 늘 어렵다. 초등수학이 중학수학에 비해서 쉽다지만 초등학생에게도 수학은 힘들다. 그러면 중학교 수학이 더 어렵다는 걸까? 결론적으로는 그렇다.

중학수학이 더 어려운 이유는 뭘까? 분명 새로 배우는 내용이 많고

[**]   조선닷컴, 2014년 9월 2일.
[***]   인터넷한겨레, 2015년 9월 10일.

베르나르 브네, 〈큰괄호가 있는 채도〉, 2006

이건 수학이 아니다.

이건 그냥 모양이고, 그림이다.

수학 문제 속에서만 수식은 수학일 뿐이다.

관계가 중요하다.

난이도가 높아진다. 어려워진 건 맞다. 그렇다고 그게 완전한 이유는 될 수 없다. 그 이유를 수학의 증명처럼 꼼꼼하게 따져보자.

수학이 어렵다지만, 모든 사람에게 어려운 건 아니다. 어떤 사람에게는 수학이 삶의 이유이며 기쁨이 되기도 한다. 버트런드 러셀(Bertrand Russell, 1872~1970)이라는 철학자이자 수학자가 그랬다. 그는 어렸을 적 외롭고 힘들어 자살을 심각하게 생각했다. 그러나 자살하지 않았다. 왜? 수학을 더 알고 싶어서였다고 자서전에서 밝혔다.

"들판을 가로질러 뉴사우스게이트로 향하는 오솔길이 있었다. 나는 해넘이를 보러 혼자 그곳에 가, 자살을 생각해보고는 했다. 그러나 나는 자살하지 않았다. 수학에 대해 더 알고 싶었기 때문이다."

"There was a footpath leading across fields to New Southgate, and I used to go there alone to watch the sunset and contemplate suicide. I did not, however, commit suicide, because I wished to know more of mathematics."[*]

수학도 누군가에게는 흥미진진하고 재미있다. 수학이 어려운 게 꼭 수학만의 문제는 아니다. 수학과 누군가와의 사이에서 어려움은 발생한다. 그 관계를 봐야만 왜 어려운가에 대해 더 정확한 진단이 가능하다. 똑같은 어려움도 누구냐에 따라서 더 어렵게도, 더 쉽게도 느껴지기 마련이다. 100kg을 들고 있는 자와 10kg을 들고 있는 자가 있다. 똑같이 10kg씩을 더 얹어줄 때 느끼는 무게감은 확연히 다르다. 관계가 더 근

---

[*] Bertrand Russell, *The Autobiography of Bertrand Russell*, Routledge, 1998, p. 38.

본적인 문제다.

왜 수학을 더 어렵다고 느낄까?

질문을 다시 해야 한다. 왜 학생들은 중학교에 가서 수학을 더 어렵다고 느낄까? 수학이 더 어려워진 건 맞으니 당연하다 싶지만, 중학교 때 유달리 어렵게 느낀다면 뭔가 다른 이유가 있지는 않을까? 수학이나 학생이 달라지지 않았다면, 더 어렵게 느껴야 할 이유는 없다. 학생과 수학의 관계에서 뭔가 문제가 발생했기에, 그런 사고가 난 것이다.

학생은 분명 달라졌다. 나이를 더 먹었고, 청소년답게 몸과 마음에 많은 변화가 일어났다. 그러나 수학에 대한 학생들의 태도나 이해가 크게 달라진 건 아니다. 초등학교 때와 별반 다르지 않다. 초등학교를 졸업하고 중학교에 입학하는 데 많은 시간이 걸리는 것도 아니다. 몇 개월 차이에 불과하다. 수학에 대해 심각하게 고민하다가, 수학을 대하는 태도를 확 바꾼 학생은 거의 없다. 고로 학생과 수학의 관계에서 문제가 발생했다면 그 요인은 학생에게 있지 않다. 원인은 수학에 있다. 그렇다면 중학수학이 어떻게 달라졌는지를 살펴봐야 한다. 중학수학은 초등수학의 연장선에서 달라지는 걸까? 초등수학에서 이탈해 아예 모습을 달리하는 걸까?

같은 문제, 다른 해법

초등수학과 비교해 중학수학이 어떻게 달라지는지 살펴보자. 서로 다른 대상끼리 비교해서는 그 차이를 제대로 알 수 없다. 사과는 사과끼리 비교해야 한다. 비교의 대상은 같아야 한다. 초등수학과 중학수학 모두에 공통된 대상을 비교해봐야 한다. 중학수학에서 초등수학 때 배웠던 것을 다시 배울 리 있겠냐 싶겠지만 그렇지 않다. 같은 내용을 다르게 배우는 경우가 꽤 있다.

∘• 삼각형의 내각의 합은 180도이다

내각은 도형의 한 꼭짓점에서 만나는 두 변이 이루는 각이다. 삼각형에는 3개의 내각이 있다. 이 내각의 합은 180도다. 그 사실을 어떻게 알고, 설명했는지 비교해보자.

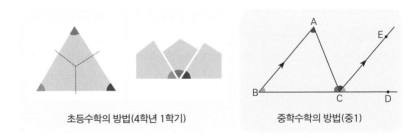

초등수학의 방법(4학년 1학기)　　중학수학의 방법(중1)

초등수학에서는 내각 3개를 직접 합쳐본다. 삼각형을 그리고, 내각 3개를 잘라서 한 꼭짓점에 모아본다. 그러면 내각 3개의 합이 180도라는 걸 알게 된다. 그러나 중학수학에서는 초등수학 방법을 상기하면서 다른 방법을 사용한다. 이 방법은 직접 합쳐보는 방법이 아니다. 선분 BC의 연장선 CD를 긋고, 직선 AB와 평행한 평행선 CE를 긋는다. 그러고는 두 평행선에서 동위각과 엇각의 크기는 같다는 사실을 이용한다. ∠ABC=∠ECD, ∠BAC=∠ACE. 고로 내각을 모두 합하면 직선상의 ∠BCD가 된다. 고로 삼각형 내각의 합은 180도이다.(세부 내용, 알면 좋고 몰라도 지금은 상관없다!)

문제도, 답도 같다. 그러나 사용한 방법은 다르다. 중학수학에서는 소위 증명이라는 방법을 사용한다. 쉬운 길도 많은데 왜 굳이 어려운 길을 가려는 걸까? 계산에서도 이런 차이는 분명하다.

∘• 나눗셈의 방법

사칙연산 중에서 가장 어려운 게 나눗셈이다. 초등수학에서는 가장 나중에 배운다. 중학수학에서도 나눗셈은 계속된다. 그러나 방법은 달라진다.

초등수학에서 나눗셈은, 전체를 동등하게 나눠주는 셈이라고 설명한다.(엄밀하게는 두 가지로 설명한다.) 그 설명에 따라 나눗셈을 진행하여 답을 얻는다. $3 \div \frac{1}{4}$은 3을 $\frac{1}{4}$씩 나눌 때 몇 개가 되는지를 묻는다. 다음 그림처럼 그 결과는 12가 된다. 이후 한 가지를 덧붙인다. 나눗셈은 역수의 곱셈과 결과적으로 같다고! $3 \div \frac{1}{4} = 3 \times 4 = 12$. 이런 방법은 초등수학 전체에서 사용된다. 실제 크기를 더하고, 빼고, 곱하고 나눠서 계산한 후, 그 계산을 더 쉽게 하는 다른 방법을 알려준다.

♯ $3 \div \frac{1}{4}$을 계산하는 방법을 생각해 보세요.

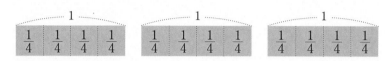

• 1에서 $\frac{1}{4}$을 몇 번 덜어 낼 수 있습니까?

- 3에서 $\frac{1}{4}$을 몇 번 덜어 낼 수 있습니까?

- $3 \div \frac{1}{4}$은 얼마라고 생각합니까?

초등 6-1 분수의 나눗셈

중학수학에서 나눗셈은 다르게 진행된다. 중학수학에서는 초등수학에서 사용되던 방법이 보이지 않는다. 나눗셈을 다른 방법으로 한다. 음수가 포함된 나눗셈을 보자.

음수가 포함된 곱셈에서 $(+6) \times (-3) = (-18)$, $(-6) \times (-3) = (+18)$이다. 이 식에 대해 곱셈과 나눗셈의 관계를 적용해보면,

$$(+6) \times (-3) = (-18) \longrightarrow (-18) \div (+6) = (-3)$$
$$(-18) \div (-3) = (+6)$$
$$(-6) \times (-3) = (+18) \longrightarrow (+18) \div (-6) = (-3)$$
$$(+18) \div (-3) = (-6)$$

이로부터 다음을 알 수 있다.

$$음수 \div 양수 = 음수$$
$$양수 \div 음수 = 음수$$
$$음수 \div 음수 = 양수$$

중1 수와 연산

$(-18) \div (+6)$이나 $(-18) \div (-6)$의 나눗셈을 하면서 동등하게 분배하는 방식의 설명은 없다. 위와 같이 식을 통해서 나눗셈의 값을 얻어낸다. 이 식은 곱셈과 나눗셈의 관계를 이용했다. 초등수학에서도 이 관

계를 다루기는 했다. 중학수학에서는 이 관계를 음수의 계산에 끌어들인다.

$$2 \times 3 = 6 \rightarrow 6 \div 3 = 2, 6 \div 2 = 3$$

초등수학에서 배운 곱셈과 나눗셈의 관계

동일한 나눗셈이지만 방법은 다르다. 초등수학에서는 직접 똑같이 분배했고, 중학수학에서는 관계와 식을 이용했다.

◦• **원주율의 값**

원주율은 원주의 비율을 줄인 말이다. 원주가 원의 둘레이니, 원주율이란 원의 둘레의 비율이다. 더 구체적으로는 원의 지름에 대한 원의 둘레의 비율이다. 원의 둘레가 지름의 몇 배인가를 말한다. 이 값은 얼마나 될까?

초등수학에서는 원주율을 직접 측정해본다. 둥그런 물건의 지름과 둘레를 측정하고, 둘레를 지름으로 나눠 그 값을 구하게 한다. 그런 다음 '원주율은 원의 크기와 관계없이 일정하다'고 알려준다. 그 값은 3.1415926535897932…와 같이 끝없이 써내려가야 한다면서 3.14나 $3\frac{1}{7}$ 또는 $\frac{355}{113}$ 와 같은 근삿값을 제시한다. 문제를 풀 때는 주로 3.14를 원주율 값으로 사용한다.

중학수학에서 원주율은 다시 등장한다. 뜻을 알려주고, 그 값이 한없이 계속되는 소수라고 한다. 그러면 원주율 값을 얼마나 더 정확하게 알려줄까? 초등수학에서 제시한 값보다 더 정확한 소수? 아니다! 중학수학부터는 원주율을 구체적인 수로 말하지 않는다. 원주율의 값을 그냥

π라는 기호로 나타낼 뿐이다. 원의 넓이를 나타내는 공식도 다음과 같이 간결해진다.

$$원의 넓이\ S = \pi r^2\ (\pi는 원주율,\ r은 반지름)$$

동일한 원주율이지만 그 값은 달리 표현된다. 초등수학에서는 3.14로 대표되는 근삿값으로, 중학수학에서는 그냥 기호 π라고 한다.

∽• 자연수와 분수에 대한 명칭

초등수학은 수를 배우는 것으로부터 시작한다. 수를 배우면서 수학을 시작하는 것은 자연스럽다. 하나, 둘, 셋 등의 자연수를 배우고 난 다음, 조각을 나타내는 분수를 배운다. $\frac{1}{2}$, $\frac{2}{3}$와 같은 구체적인 예를 보여준다. 가로막대와 분자, 분모 등 분수를 구성하는 요소까지 친절하게 설명해준다.

중학수학에서도 분수는 사용된다. 그런데 변화가 일어난다. 분수라는 말이 유리수라는 말로 슬쩍 대체된다. $+\frac{1}{5}$, $+\frac{3}{4}$과 같이 양의 부호 +가 붙은 수를 양의 유리수, $-\frac{1}{2}$, $-\frac{2}{5}$와 같이 음의 부호 −가 붙은 수를 음의 유리수라고 한다. 양의 유리수, 0, 음의 유리수를 통틀어 유리수라고 부른다. 그런 변화를 알려주는 공지나 말도 없다. 그럴 수밖에 없는 사정을 설명해주지도 않는다. 그저 조용하게 바뀐다.

분수는 중학수학을 거치면서 유리수라는 다른 이름으로 불린다. 이러나저러나 어려운 건 마찬가지인데, 바뀌든 말든 무슨 상관이냐며 그냥 넘어가버리면 그만이긴 하다. 그렇지만 분수라는 명칭을 그대로 사용하지 못할 이유는 없다. 양의 분수, 음의 분수라고 해도 아무런 문제가 없다. 분수라는 말을 계속 사용하면 새로운 말을 또 배워야 할 번거로움도 없다. 그런데도 분수라는 멀쩡한 이름을 놔두고 유리수라는 새로운 이름을 쓴다.

자연수 역시 다른 이름으로 불린다. 자연수 대신 정수라는 말이 사용된다. 기존의 자연수를 양의 정수, 자연수에 음의 부호를 붙인 수를 음의 정수라고 한다. 양의 정수, 0, 음의 정수를 통틀어 정수라고 한다. 같은 대상인데도 기존의 명칭을 버리고, 새로운 명칭을 도입한다.

삼각형 내각의 합, 나눗셈, 원주율, 자연수나 분수에 대한 명칭 네 가지를 살펴봤다. 동일한 문제에 대해서 초등수학과 중학수학의 방법은 다르다. 최종적인 답은 같을지라도 과정은 달라진다. 용어의 경우는 아예 새롭게 달라진다. 수학 안에서 뭔가 큰 변화가 일어난 것이다. 사람으로 치면 사고방식이나 행동방식이 달라진 것과 같다.

02

수학의 세레나데는 끝났다

수학, 방식 자체가 달라진다

중학수학은 겉모양만 바뀐 게 아니다. 수학을 하는 방식 자체가 변화를 겪는다. 겉모양이 바뀐 건 보통 쉽게 알 수 있다. 새로운 용어나 분야를 공부하면 달라졌다는 걸 금방 알아챈다. 하지만 방식이 바뀌었다는 것을 알아채기란 쉽지 않다. 어쩌면 이 변화가 더 중요하고, 더 어려울 수도 있는데 말이다.

왜 이미 공부했던 것들을 다른 방법으로 다시 공부할까? 헷갈리라고 일부러 그런 것은 아닐 것이다. 군이 그렇게 하는 데는 그럴 수밖에 없는 이유가 있지 않겠는가! 이는 수학의 경고다. 과거의 수학처럼 생각하지 말라는 뜻이다. '난 예전의 수학이 아니야. 코흘리개가 아니니 조

로베르 들로네, 〈에펠탑〉, 1911　　　　마르크 샤갈, 〈파리의 꿈〉, 1960

같은 에펠탑을 그린 다른 그림이다.
화가는 자신의 관점과 느낌, 생각을 반영해
에펠탑을 화폭에 담았다.
관점과 위치가 달라지면 모든 게 달라진다.
모습도, 배치도, 규칙도!
수학이라고 다 같은 수학이 아니다.
중학수학은 초등수학과 전혀 다른 수학이다.

심하라고!' 학생들이 이 경고를 알아차리지 못한 채 수학을 예전처럼 대하는 게 불행의 씨앗일 수 있지 않을까?

어느 방법이 더 정확한 방법일까? 삼각형의 내각의 합을 구할 때, 초등수학의 방법과 중학수학의 방법이 있다. 둘 다 정답일까? 아니면 둘 중 하나가 정답일까? 교과서에 나왔으니 어느 하나가 틀렸다고 보기는 어렵다. 둘 다 정답이라고 생각하는 게 더 적절해 보인다.

그러나 수학의 입장에서 보자면, 초등수학의 방법은 전혀 수학적이지 않다. 엄밀히 말해 그러면 안 된다. 그래서 중학수학은 경고한다. 앞으로는 초등수학의 방법을 사용하지 말라고. 중학수학에서 배우는 방법으로 해달라고. 중학교 교과서에는 때에 따라 초등수학의 방법이 같이 소개되곤 한다. 확인 가능한 방법의 하나로 제시된다. 어려워하는 학생을 위한 장치다.

중학수학의 변화는 수학을 바라보는 생각과 태도가 달라진 것에서 비롯한다. 수학이라고 같은 수학이 아니다. 초등수학과 중학수학은 전혀 딴판이다. 같은 산을 그린 그림이라 해도 보는 위치와 시각, 날씨가 달라지면 그림은 새롭게 달라진다. 다른 산처럼 보일 정도다. 중학수학은 초등수학이 단순히 연장되고 확장된 게 아니다. 위치와 관점을 바꿔 다른 수학을 하는 것이다. 규칙이 달라진 만큼 학생들은 수학을 다시 시작해야 한다.

6년간의 세레나데는 끝났다

중학수학에서 초등수학의 방법을 사용해도 될까? 수학이 경고했듯이 그러면 안 된다. '삼각형 내각의 합이 얼마인가?'라는 문제에 대해 '삼각형의 세 각을 오려서 붙여보면 180도가 됩니다'라고 하면 안 된다. 그럴 거면 뭐 하러 초등학교에서 그렇게 가르쳐줬냐고 볼멘소리를 할지언정 안 된다. 왜? 그 방법은 엄밀하지도 않고, 수학적이지도 않다. 초등학교에서나 통하는 방법이다. 중학교 때도 여전히 그러면 안 된다.

초등수학은 수학이 학생들에게 불러주는 세레나데였다. 세레나데란 사랑하는 연인을 위해 불러주는 사랑가다. 연인의 마음을 얻기 위해, 감정을 과장하고 극적으로 표현한다. 목적은 하나다. 연인의 사랑을 차지하기 위해서다. 초등수학이 바로 그런 세레나데 수학이었다.

99.9%의 학생들은 수학을 배우고 싶어서 배운 게 아니다. (혹시라도 있을 경우를 고려하여 99.9%라고 했다.) 때가 되어 학교에 가게 됐고, 학교에 다니다 보니 수학을 배우게 됐다. 학생이 선택하고 원한 게 아니었다. 예방주사처럼 일방적으로 강요된 만남이었다. 이걸 아는 수학은, 학생들의 마음을 얻고자 전략적으로 접근한다.

수학은 학생들을 슬슬 구슬리며, 꼬이어야 했다. 그래서 수학은 (수학이 생각하기에) 가능한 한 학생들이 좋아할 법한 방식으로 다가간다. 학생들에게 익숙한 일상생활을 통해서 수학을 소개한다. 수학이 그렇게 이상하고 특이한 게 아니라고 말한다. 사과나 공의 개수를 세고, 쓰레기통이나 박스의 모양을 들어서 도형을 이끌어낸다. 수학이 화성에서 온 외계인의 학문이 아니라 우리 생활에 익숙하고 도움을 주는 좋은 친구라고 느끼게 한다. 필요하다면 조삼모사(朝三暮四)의 고사성어처럼 아침에 3개 저녁에 4개를 주지 않고, 아침에 4개 저녁에 3개를 주는 것도 서슴지 않는다.

그러나 초등학교를 졸업하면서 수학의 세레나데는 끝나버린다. 역시나 아무런 말도 없이.

수학의 본맛은 중학수학부터!

학생들은 수학의 세레나데가 끝난다는 사실을 모른다. 그러기는커녕 세레나데를 불러줬다는 것도 알지 못한다. 수학은 이제 변심을 하고, 변신을 한다. 자신의 본색을 서서히 드러낸다. 올 테면 오고, 갈 테면 가라며 배짱을 튕긴다. 안 하고는 못 배길 것을 알기에 과감해진다.

초등수학은 (학생들은 인정하지 않겠지만) 학생을 배려하는 수학이었다. 학생들의 입장과 생각을 고려해, 학생들의 입장에 맞게 수학을 소개했다. 수학의 맛을 살짝 보여주는 정도였지, 수학의 본맛은 아니었다. 수학다운 수학을 시작하는 시기가 중학수학부터다. 고로 초등수학이 수학의 전부였다고 하면 큰 오산이다. 중학수학은 초등수학의 연장이 아니다. 차라리 새로 배우는 과목이라고 생각하며 배우는 게 더 낫다.

03

수학,
본색을 드러내다

음수, 중학수학에서 새롭게 만나는 수

초등수학은 학생들을 유인하기 위한 미끼수학이었다. 수학이 아니라고는 못 하지만, 수학의 솔직한 모습이 아니었다. 초등학생 수준에 맞게 각색해서 보여준 미끼수학이었다. 징검다리로서의 초등수학은 중학수학이 시작되면서 끝난다. 중학수학은 수학의 본색을 온전히는 아니지만, 중학교 수준에 맞게 보여주기 시작한다.

중학수학의 변화는 어떤 면에서 초등수학의 방식과는 정반대다. 이 변화를 잘 보여주는 게 음수다. 음수를 잘 보면 중학수학이 보인다.

음수는 중학수학에서 처음 등장한다. 그러나 학생들은 이미 생활 속

에서 많이 써왔다. 지하 몇 층인가를 나타낼 때나, 온도를 나타낼 때, 상
승이나 하락을 나타낼 때 사용했다. 초등학생들도 익숙하게 알고 있는
수다.

일상생활에서 사용하기 때문에 익숙하지만 실상 음수는 굉장히 어
려운 수다. 수학의 역사에서도 음수를 수로 받아들이기까지 2,000년 가
까운 시간이 걸렸다. 17세기 프랑스의 유명한 수학자인 파스칼도 $0-4$
를 이해할 수 없다며, 음수를 인정하지 않았다. $(-2) \times (-3)$과 같은 음
수의 곱셈을 해보면, 음수가 어렵다는 게 확실해진다. 음수의 곱셈을 어
떻게 할 것인가는 수학자들 사이에서도 굉장히 어려운 문제였다. 지금

의 학생들도 음수의 곱셈을 배우기는 배우지만, 왜 그리 해야 하는지를 제대로 이해하고 넘어가는지 의문스럽다.

음수는 셀 수 없는 수다

음수가 어려운 이유는 셀 수 없어서이다. 만질 수도, 보여줄 수도 없다. −2개가 몇 개인지, 얼마의 크기인지 설명할 수 있는가? $3 \times (-4)$, 3을 −4번 더하라는 뜻이다. 그게 무슨 뜻인지 명확하게 잡히지 않는다. 그러니 $3 \times (-4)$를 계산하기 어렵다. 그래도 음수에 관해 조금 알거나 공부한 학생은 수직선을 제시할 것이다. 수직선에서는 음수를 보여줄 수 있다고 반박하려 할 것이다.

수직선 위에 음수를 표현할 수는 있다. 하지만 수직선은 음수의 크기를 보여주는 것이 아니다. 수직선은 수의 위치를 나타내지, 크기를 나타내는 게 아니다. 우리 집의 위치를 나타내는 주소이지, 우리 집의 크기가 얼마인가를 나타내지 않는다. 엘리베이터나 온도 등에서 음수 사용이 가능한 것도 수를 위치로 나타낼 수 있는 경우이기 때문이다. 우리 생활에서 음수가 사용되는 경우는 그런 경우뿐이다.

초등수학에서 배웠던 자연수, 분수, 소수는 음수와 달리 크기가 얼마만큼인지를 보여줄 수 있다. 현실에서는 얼마든지 3개, $\frac{3}{7}$ 조각, 0.53km를 보여줄 수 있다. 그러나 −3개, $-\frac{3}{7}$ 조각, −0.53km를 턱 하니 제시할 수 없다. 음수의 크기를 속 시원하게 보여주지 못한다. 어마어마한 차이이고, 결정적인 차이다.

음수를 쉽게 이해하는 방법으로 널리 쓰이는 설명법이 있다. 음수를 빚이나 손해로 보는 것이다. 이렇게 보면 음수가 머릿속에 그려지는 듯하다. -100은 100원의 손해다. 제법 그럴싸하다. 그러나 이 방법으로 $(-3) \times (-4)$를 계산해보려 하면 한계는 금방 드러난다. 3만큼의 손해를 4만큼의 손해로 더하라는 게 무슨 뜻인가? 이리저리 해석하여 답을 내기는 하지만 억지스럽고 명쾌하지 않다. 변명처럼 구질구질하다. 초등수학의 방법이 더 이상 통하지 않는다. 초등수학으로 음수에 덤벼들다가는 큰코다친다.

음수는 초등수학의 수와는 다른 범주의 수다. 그렇지만 음수 역시 수이기에 수학은 음수를 포함할 수 있어야 한다. 방법은 하나다. 변화에 맞게 수나 수학을 바꿔가고, 확장시켜 가면 된다. 음수도 아무런 문제없이 다룰 수 있도록 수학을 변화시키면 된다. 그게 중학수학이다. 음수와 같은 수도 다룰 수 있도록 초등수학에 변화를 준 게 중학수학이다. 중학수학은 초등수학에 비해 양만 달라진 게 아니다. 질적으로도 엄청난 변화가 일어난다.

중학수학이 달라지는 만큼 학생도 응당 달라져야 한다. 달라진 수학에 맞게 생각과 방법을 바꿔 공부해야 한다. 그러나 학생들은 실상 겉만 바뀌었을 뿐 속이 달라지지는 않았다. 초등수학의 방법과 태도를 그대로 이어받아 중학수학과 부딪친다. 그래서 학생들이 중학수학을 더 어렵게 느끼는 것이다. 수학의 변화에 발맞춰 학생도 변해야 한다. 카멜레

카멜레온은 색깔을, 흉내문어는 모양을 바꾼다.
왜? 살아남기 위해서다.
잘 살아보려고 주위 환경에 따라 자신을 변화시킨다.
중학수학이 변했다고? 걱정할 것 없다.
그 변화에 맞춰 공부해가면 된다.

온이 주위 환경에 따라 몸의 색깔을 바꾸는 것처럼, 흉내문어가 주위의 동물과 비슷한 모양으로 자신의 모습을 바꾸는 것처럼 말이다. 그러면 중학수학을 충분히 공부해갈 수 있다. 어떻게 바꿔갈 것인지는 차차 공부하기로 하자.

수, 사물의 크기에서 생각 가능한 크기로

초등수학과 중학수학에서의 변화를 구체적으로 살펴보자. 세세한 사항보다는 전체적인 흐름을 보는 게 목표다. 그 목표에 맞도록 초등수학을 몇 개의 영역으로 나눠 각 영역별 흐름을 살펴보자. 2015년 개정 교육과정에서는 초등수학을 5개 영역으로 나눈다. '수와 연산', '도형', '측정', '규칙성', '자료와 가능성'. 무난하고 일반적인 분류다. 각 영역이 중학수학으로 넘어가면서 어떤 변화를 거치게 되는지 하나하나 살펴보자. 먼저 수부터!

초등수학의 수: 셀 수 있는 수

초등수학의 수는 자연수, 분수, 소수다. 단, 0보다 같거나 큰 양수다. 물건의 개수를 세는 것으로 시작하여 1, 2, 3과 같은 자연수를 소개한다. 몇 개인지 크기를 나타내는 기수, 순서를 나타내는 서수도 함께 배운다. 아울러 어느 수가 얼마나 더 크고 작은가를 배운다. 수를 세고, 읽고, 쓰고, 비교한다. 학년이 높아질수록 자릿수가 늘어나며, 더 큰 수를 배워간다.

⁎ 탁자 위에 놓인 물건의 개수를 세어 보세요.

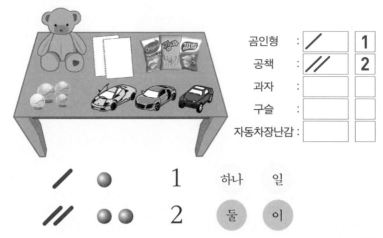

초등 1-1 9까지의 수

⁎ 물을 마시려고 친구들과 정수기 앞에 줄을 섰습니다. 나는 몇 번째인지 순서를 말해 보세요.

초등 1-1 9까지의 수

자연수와는 조금 다른 수인 0도 일찌감치 등장한다. 1, 2, 3, 4, 5, … 가 나오고 난 다음 아무것도 없는 것을 0이라 나타낸다고 소개한다. 있는 상태를 먼저 배운 후, 없는 상태를 비교하여 0을 이해하기 쉽게 알려준다.

⊞ 접시 위에 머핀이 몇 개 있는지 나타내 보세요. 아무것도 없는 것을 어떻게 나타낼 수 있습니까?

아무것도 없는 것을 0이라고 쓰고, 영이라고 읽습니다.

초등 1-1 9까지의 수

자연수 이후에는 분수와 소수가 거의 동시에 나온다. 분수가 먼저 등장한다. 하나를 몇 개로 나눈 것 중 얼마에 해당하느냐를 표시한 것이 분수다. 네 개로 나눈 것 중 세 개에 해당하면 $\frac{3}{4}$ 이다. 분모와 분자의 수가 달라지면서 분수의 값이 달라진다. 분수의 크기 비교도 빠지지 않는다. 분수 이후 곧바로 소수가 나온다. 여러 분수 중 하나인 $\frac{1}{10}$ 이 0.1, $\frac{1}{100}$ 이 0.01이다. 이렇게 수를 배우면서 이 수들이 포함된 계산도 같이 배운다.

❋ 전체에 대하여 색칠한 부분의 크기를 분수로 써 보세요.

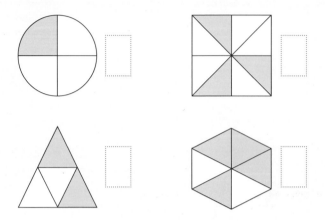

초등 3-1 분수와 소수

❋ 전체를 10개로 똑같이 나눈 것 중의 2개, 3개, 4개, …, 9개는 $\frac{2}{10}$, $\frac{3}{10}$, $\frac{4}{10}$,
…, $\frac{9}{10}$ 입니다.
분수 $\frac{2}{10}$, $\frac{3}{10}$, $\frac{4}{10}$, …, $\frac{9}{10}$ 를 간단히 0.2, 0.3, 0.4, …, 0.9라고 쓰고
영점 이, 영점 삼, 영점 사, …, 영점 구라고 읽습니다.
0.1, 0.2, 0.3 같은 수를 소수라고 부르고, '.'을 소수점이라고 합니다.

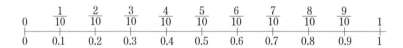

초등 3-1 분수와 소수

초등수학의 수는 일상생활에서 많이 사용된다. 그래서 학생은 분수
와 소수 자체를 쉽게 받아들인다. 일상생활에서 이미 사용하고 있고, 일
상생활과 연관지어 배우니 쉽게 이해한다. 어려운 건 계산이다.

자연수, 분수, 소수는 서로 다른 수다. 생긴 것도 다르고, 말도 다르

다. 하지만 공통점도 있다. 전라도, 경상도, 충청도가 다르지만 대한민국에 속해 있다는 공통점이 있듯이 일치하는 성질이 있다.

'사물의 개수나 크기를 나타내는, 셀 수 있는 수다.' 이게 자연수, 분수, 소수의 공통점이다. 이 수들은 사물의 크기로 표현 가능해, 사물의 개수를 세는 데 사용 가능하다. 분수나 소수 때문에 센다는 말이 선뜻 이해되지 않을 수도 있다. 분수나 소수도 세는 수인가? 그렇다. $\frac{3}{5}$ 은 $\frac{1}{5}$ 을 세 번 세면 된다. 0.5는 0.1을 다섯 번 세면 된다. 분수나 소수도 자연수처럼 세는 수다.

개수를 센다는 말의 뜻을 조금 더 알아두자. 사과가 세 개라는 말은 사과 하나짜리가 세 개 있다는 뜻이다. 개수를 셀 때는 단위가 먼저 있어야 한다. 그다음 그 단위가 몇 번 반복되는가를 파악한다. 그게 세는 것이다. 분수와 소수도 단위가 다를 뿐 자연수처럼 세는 수다. 자연수를 좀 더 세밀하게 응용한 셈이다.

중학수학의 수: 음수

중학수학에서 처음 새로 배우는 수는 음수다. 음수는 자연수, 분수, 소수에다 −기호를 붙인 수다. -2, $-\frac{3}{5}$, -0.5처럼 모든 자연수, 분수, 소수는 음수가 될 수 있다. 그러나 음수는 초등수학의 수와 질적으로 다르다. 단지 −만 차이가 나는 수가 아니다.

음수는 어떤 기준을 중심으로 성질이 반대인 크기를 나타낼 때 쓰인다. 영상과 영하, 해발과 해저, 과거와 미래와 같은 경우에 유용하다. 어제보다 세 시간 덜 잤다거나, 어제보다 가격이 3000원 떨어졌다고 할 때 −3시간, −3000원으로 표기 가능하다. 기준이 있어야 하고, 그 기준을 중심으로 반대적인 성질을 가졌다고 생각되는 크기가 음수다.

✳ 해발은 해수면을 기준으로 한 높이를 말한다.

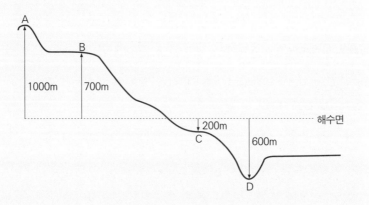

해수면의 높이는 0이다. 해수면보다 아래인 해저를 음의 부호를 붙인 수로, 해수면보다 위인 해발을 양의 부호를 붙인 수로 나타내보자. (단위는 m)

위치	⋯	D	C	해수면	B	A	⋯
높이			−200	0	+700		

중1 수와 연산

그런데 음수를 사물의 크기로 보여줄 수는 없다. −2개, $-\frac{3}{5}$조각, −0.5km를 현실에서 찾을 수는 없다. 수직선이라는 다른 공간에 위치로 표현할 수는 있지만, 보이는 크기로 둔갑시킬 수는 없다. 빚이나 손해로 보면 그럴듯하지만 그 경우로만 그럴 뿐이다.

음수를 빚이나 손해로 보는 아이디어의 한계는 계산에서 더 극명하게 드러난다. 음수를 빚으로 해석해서는 음수가 포함된 곱셈과 나눗셈을 해결할 수 없다. 이 부분은 계산을 다루면서 자세히 이야기하자.

⊶ 음수, 자연수나 분수의 계산 과정에서 등장한 수

음수는 애당초 수로써 만들어진 게 아니었다. 수들의 계산 과정에서 필요한 보조 수단으로 등장했다. 처음 등장한 곳은 고대 중국이었다. 2,000년도 더 오래 전이었다. 중국인들은 지금의 방정식을 방정술이라는 기법을 이용해서 풀었다. 이 기법은 식과 식을 더하고 빼서 구하고자 하는 x의 값을 알아내는 기술이었다. 이때 식을 조작하다 보면 $3-5$처럼 작은 수에서 큰 수를 빼는 경우가 발생했다. 이 과정을 거쳐야 답이 나오기 때문에 그들은 이 계산 결과를 진지하게 고려해야 했다. 어떤 식으로든 $3-5$와 같은 경우의 계산을 다뤄야 최종적인 답을 알아낼 수 있었기 때문이다.

중국인들은 음수를 부(負)라고 했다. 負는 우리가 보통 부채라고 할 때 사용되는 글자로, '짐지다, 빚지다, (부상을) 입다'의 뜻이다. 그들도 음수를 빚이나 손해로 해석했다는 것을 알 수 있다. 양수를 '바를 정(正, 바르다)'이라고 쓰면서, 양수와 음수를 반대 개념으로 생각했다. 서양에서도 음수를 부정적인 의미라는 뜻의 negative number라고 했다.

기원전에 등장했지만 음수는 그 즉시 수로 인정받지 못했다. 문제의 답으로 음수가 나오면 그건 답이 아니었다. 그들이 원하는 답은 양수여야 했다. 길이나 넓이 같은 크기가 음수라는 건 상상할 수 없었다. 고대 그리스의 수학자인 디오판토스는 $4\square+20=4$를 만족하는 $\square$가 아무런 의미가 없다며 무시했다. $\square$가 -4이어야만 했기 때문이다.

⟿ 음수의 등장 이후 수의 정의도, 대소 관계의 뜻도 달라지다

음수를 수로 받아들이는 데 가장 큰 장애가 되었던 건 '사물의 크기를 나타내는 게 수'라는 생각이었다. 이 생각을 깨거나 바꾸지 않는 한 음수는 수일 수 없었다. 빚이나 손해를 표시하는 데 유용한 일시적인 도구에 불과했다. 수에 대한 생각이 바뀌지 않고서는 음수가 수로 여겨지기는 어려웠다. 이 장애물을 허무는 데 큰 역할을 한 것이 수직선이었다.

수직선은 음수를 다른 양수와 나란하게 보여준다. 수직선 위에서 음수와 양수의 차이는 위치의 차이밖에 없다. 양수끼리 위치가 다른 것처럼 양수나 음수도 다른 위치의 수에 불과했다. 위치가 다를 뿐인, 다 같은 수였다. 수직선은 존 월리스라는 17세기 영국의 수학자에 의해 고안되었다. 그는 음수와, 음수가 포함된 덧셈과 뺄셈을 보여주기 위해서 수직선을 만들었다.

이제 수는 수직선 위에서 점으로 표시된다. 수가 다르면 점의 위치 또한 다르다. 0을 기준으로 오른쪽에 있는 수는 양수, 왼쪽에 있는 수는 음수다. 음수가 양수와 반대라는 점이 방향을 통해 분명하게 드러난다. 이제 수는 크기뿐만 아니라 방향도 갖게 되었다. 음수로 인해 수가 덤으로 받은 선물이었다. 수직선 위에 점으로 표현 가능한 것들은 모두 수가 된다.

수직선은 생각이 빚어낸 가상의 공간이다. 음수로부터 수는 초등수학의 수 범주를 벗어난다. 딱딱한 사물의 껍데기 안에 갇혀 있던 수는 수직선으로 자리를 옮겼다. 사물로부터 벗어나 자유로워지기 시작했다. 수는 사물로부터 생각으로, 유형의 세계로부터 무형의 세계로 전환한다.

원래 수는 실제 사물의 공간에 집짓고 살았다. 그런데 그 집은 음수라는 새 식구가 들어오기에는 좁았다. 음수도 함께 살 수 있는 집이 필요했다. 수가 새로 마련한 집이 수직선이었다. 버릴 건 버리고, 바꿀 건 바꿔 이사를 했다. 음수에도 적용될 수 있도록 수의 의미나 크기를 바꿨다. 그 결과 기존의 수나 음수 모두 함께 살아갈 수 있게 되었다. (수직선으로 음수가 수로 완전히 인정받은 건 아니다. 음수의 계산이 해결되고, 수 체계를 논리적으로 정립하면서 완전한 수가 되었다.)

음수로 인해 수의 의미는 바뀌었다. 이제 수직선 위에 점으로 표시 가능한 것들은 모두 수였다. 수가 사물의 크기라는 생각은 수정되었다. 수가 꼭 보이는 사물의 크기일 필요는 없었다. 머릿속에서 생각 가능한 크기면 모두 수가 될 수 있었다. 그만큼 수는 더 자유로워졌다.

대소 관계의 뜻도 달라졌다. 기존에는 수를 많다, 적다로 구분했다. 5개는 3개보다 많으니 5는 3보다 크다. 그런데 음수를 그렇게 설명할 수는 없다. 대소 관계 뜻이나 비교방법도 달라져야 했다. 이제 '크다'와 '작다'의 판단 기준은 수직선 위에서 어느 수가 더 오른쪽에 있느냐이다. 5는 3보다 더 오른쪽에 있으니 더 크다. 음수가 0보다 작은 수라고 하는데 그 의미는 0보다 더 왼쪽에 있다는 뜻이다. 그 이상도 그 이하도 아니다.

음수의 탄생으로 한 방향으로만 달리던 인간의 생각은 반대 방향으로도 확장되었다. 한 방향으로만 나아가던 수들은 이제 양방향으로 마음껏 달릴 수 있게 되었다. 그만큼 생각의 폭이 넓어지고, 생각의 방향도 다양해졌다. 음수를 통해, 우리가 알고 있던 것과는 반대되는 그 무언가를 상상하고 생각해볼 수 있다. 우리가 모르는 것들마저도 상상하는 힘을 주었다. 어떤 것의 정반대되는 상태를 추측케 한다.

반물질(antimatter)은 일반적인 물질(matter)에 반대(anti-)되는 물질이다. 일반적인 물질이 양수에 해당한다면 반물질은 음수에 해당한다. 일반적인 물질은 양성자, 중성자, 전자로 구성된다. 그러나 반물질은 반양성자, 반중성자, 반전자로 구성되는 물질이다. 가장 먼저 발견된 반물질은 반전자이다. 반전자는 전자와 반대되는 물질로 1928년에 이론적으로 예측되었다. 반전자는 양전자라고도 불린다. 질량이나 전하량은 전자와 같지만 전기적인 성질이 반대다. 전자가 (-)이니, 반전자의 전기적 성질은 (+)이다. 반전자는 1932년에 발견됐다. 음수를 통해 예견된 존재를 찾아냈다.

음수를 지나면서 초등수학과 중학수학은 달라진다. 현실에 딱 달라붙어 있던 수가 분리되었다. 이제 수는 수만의 길을 가기 시작한다. 음수는 현실의 수라기보다는 가상의 수다. 꿈꿀 줄 알고, 상상력과 허구의 능력이 있는 존재만이 향유할 수 있는 수다.

중학수학의 수 : 무리수

무슨 수인지 헷갈려서 이해하기 무리인 수라고 장난치기도 한다. 역사적으로는 무리수가 음수보다 더 먼저 등장했지만, 교과서에서는 나중에 배운다. 이 수의 탄생은 어떤 수의 거듭제곱과 관련되어 있다. 거듭제곱이란 같은 수를 여러 번 곱하는 것을 말한다. $3 \times 3 = 3^2$이다.

수를 제곱하면 당연히 수가 된다. 자연수를 제곱하면 자연수가, 분수를 제곱하면 분수가, 소수를 제곱하면 소수가 나온다. $3 \times 3 = 3^2 = 9$, $\left(\frac{2}{3}\right)^2 = \frac{4}{9}$, $0.5^2 = 0.25$이다. 반드시 그렇다. 어떤 수가 주어졌을 때, 그 수의 제곱이 얼마가 되는지 우리는 정확하게 알아낸다. 그렇다면 거꾸로도 가능할까? 제곱의 결과를 주고서 어떤 수를 제곱한 것인지를 맞히는 것이다. 9는 3이나 -3을 제곱해야 나온다. $\frac{4}{25}$는 $\frac{2}{5}$나 $-\frac{2}{5}$를 제곱해야 한다. 결과만 보고 어떤 수를 제곱한 것인지 항상 알아낼 수 있을까?

$$3, -3 \xleftrightarrow[\text{제곱근}]{\text{제곱}} 9$$

$\square^2 = 2$라는 식이 있다. $\square$에 해당하는 수는 뭘까? $\square$에 해당하는 수는 분명 있어야 한다. 자식이 있는데 부모가 없다는 건 말이 안 된다. 그 수를 찾아보자. 자연수, 분수, 소수를 놓고 생각해보자. 자연수 중에는 없다. 1의 제곱은 1이고, 다음 자연수인 2의 제곱은 4이다. 그 사이에는 어떤 자연수도 없으니 $\square^2 = 2$인 자연수는 없다. 그러면 자연수가 아닌 분수나 소수 중에서 찾아보자. 그런데 분수를 제곱하면 분수, 소수를 제곱하면 소

수가 된다. 자연수가 아닌 분수나 소수를 제곱해서 자연수가 되는 그런 경우는 없다. 고로 $\square^2 = 2$를 만족하는 자연수, 분수, 소수는 없다.

$\square^2 = 2$를 만족하는 수는 있어야 하지만, 자연수나 분수, 소수는 아니다. 초등수학의 범주를 벗어나 있는 수다. 이런 수를 무리수라고 한다. 그런데 자연수, 분수, 소수는 개수를 셀 수 있는 수다. 하나로 묶자면 모두 분수로 표현되는 수다. $2 = \frac{2}{1} = \frac{4}{2}$. $0.54 = \frac{54}{100}$. 결국 $\square$는 분수가 아닌 수다.

⟜ 무리수, 분수가 아닌 수

모든 분수는 비로 나타낼 수 있다. $\frac{2}{5} = 2 : 5$. 그러니 $\square$는 비로 나타낼 수 없는 수다. 영어로는 irrational number인데, 비가 아닌 수라는 뜻이다. 한자로 옮기자면 무비수(無比數)다. 이것을 이치에 맞지 않는 수라는 뜻의 무리수(無理數)라고 번역했는데, 이 말이 줄곧 사용되고 있다. 무리수란 비가 아닌 수, 다른 말로 하면 분수가 아닌 수다. 지금으로부터 약 2,500년 전 고대 그리스에서 발견되었다.

무리수는 분수가 아니므로, 셀 수 있는 수가 아니다. 셀 수 있는 수인 초등수학의 수와 다르다. 셀 수 있으려면 분수로 표현 가능해야 하는데, 분수가 아니니 셀 수 없다. 다른 점은 또 있다. 이 수는 사물의 크기를 측정해 찾아낸 수가 아니다. 사물의 크기로부터 나오는 수는 단위를 세어 나오는 수다. 분수와 소수까지가 그런 수다. 무리수는 측정을 통해 등장한 수가 아니라, 피타고라스의 정리라는 이론으로부터 유추해낸 수다. 생각만으로 찾아낸 수다.

무리수도 음수처럼 등장하자마자 인정받지는 못했다. 기원전 5세기

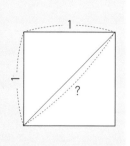
피타고라스 학파는 무리수를 처음 발견하고서도 그 존재를 공식적으로 인정하지 않았다. 오히려 감춰버렸다. 굳이 그럴 것까지 있을까 싶지만 그들은 이 수의 존재를 달가워하지 않았다. 그들이 알고 있는 수의 범주를 벗어나 있었던 데다, 그 수를 정확하게 알지 못한다는 이유 때문이었다.

자연수, 분수, 소수는 그 크기를 정확하게 알 수 있다. 3이 얼마이고, $\frac{3}{7}$이 얼마의 크기인지 정확하게 안다. 그런데 무리수는 다르다. 어떤 수를 제곱해서 2가 된다는 사실은 알지만 정확하게 어떤 수를 제곱해야 2가 되는지는 알지 못한다. 수가 있다는 건 알지만, 어떤 수인지는 모르는 수다. 2,000년이 지난 지금도 사정은 똑같다. 근삿값만 알 수 있다.

무리수는 '수란 셀 수 있는 크기'라는 생각을 깨버린다. 모든 수가 분수라면, 수는 셀 수 있는 크기여야 한다. 생각만 잘 한다면 음의 분수도 셀 수 있다. $-\frac{3}{7}$은 $-\frac{1}{7}$이 3개 있는 수가 아닌가! 하지만 무리수는 전혀 셀 수 없다. 제곱해서 2가 되는 수는 그 어떤 단위로도 셀 수 없다. 셀 수 없는 크기도 수일 수 있다.

∘• 실제로 있는 크기지만, 생각만으로 볼 수 있다

무리수와 초등수학의 수 사이에 공통점도 있다. 양수의 범위에서만 본다면 두 수 모두 사물의 크기로 나타낼 수 있다. $\square^2 = 2$에서 $\square$를 수로는 나타낼 수 없다. 그러나 선분의 길이로는 정확하게 나타낼 수 있다. 한 변의 길이가 1인 정사각형의 대각선 길이가 $\square$에 해당한다. 양의 무리수는 우리의 주변에 늘 함께하고 있다.

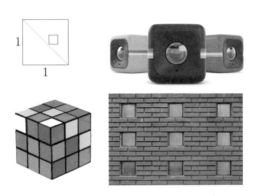

무리수는 어떤 수의 제곱이라는 생각을 통해서 발견했다. 보고 만지고 측정하면서 찾아낸 게 아니다. 거듭제곱근이라는 생각이 아니었다면, 찾아낼 수 없는 수였다. 초등수학에서는 상상할 수 없는 수다. 그만큼 무리수는 수에 대한 생각을 바꾸어놓았다. 생각만 확장시킨 게 아니라 그 이전에 보지 못했던 현실도 보게 했다. 무리수가 아니었다면 우리는 사물의 크기가 모두 분수일 거라고 생각했을 것이다. 그런데 현실에는 분수뿐만 아니라 무리수도 숨어 있었다.

음수와 무리수, 생각을 통해 등장한 수

생각으로 찾아낸 수! 생각은 힘이 세다! 음수나 무리수는 뺄셈이나 거듭제곱 같은 생각의 틈바구니를 통해서 만들어졌다. 생각의 틈을 통해 새로운 생각이 삐져나왔고, 그 생각으로 말미암아 기존의 생각을 보완했다. 우리가 살아가고 있는 현실도 그만큼 더 확장됐다. 감각과 경험의 한계를 넘어선 현실이 있음을 알게 해줬다. 이제 수란 생각 가능한 크기이다. 생각 가능한 크기는 모두 수가 될 수 있다.

┤ 교과서에서의 수 vs 역사에서의 수 ├

자연수 - 0 - 분수 - 소수 - 음수 - 무리수 - 실수

교과서에서 수를 배우는 순서는 대강 이렇다. 1, 2, 3, 4, …를 배우다가 아무것도 없는 것을 뜻하는 0을 배운다. 자릿수를 늘려가다가 분수를 배우고, 소수를 곧바로 배운다. 중학교 1학년 때 음수를 배우고, 중학교 3학년 때 무리수를 배운다. 그러면서 모든 수를 총정리하여 실수체계를 공부한다. 중학수학까지 등장하는 수 체계는 실수다.

역사적인 과정은 교과서와 다르다. 교과서는 역사를 고려하여 수를 잘 배우게끔 재구성했다. 재미를 위해 실화를 각색해 재구성한 대

본과 같다. 역사적인 과정을 따라 꼭 수를 배울 필요는 없다. 그러나 역사적인 과정과 맥락을 알고 수를 배우면 수가 훨씬 잘 이해된다.

처음 등장한 수는 자연수였으리라. 언제부터였다고 할 수는 없지만 역사시대 이전으로 거슬러 올라간다. 문자와 국가가 등장할 정도의 문명에서는 자연수와 더불어 분수도 등장했다. 분수의 역사는 그만큼 오래됐다. 분수에 이어 등장한 수는 무리수다. 고대 그리스에서 기원전 6세기경 발견됐다고 보통 이야기한다. 이후 등장한 수는 0이다. 0의 기호가 등장한 것은 기원전 3세기 정도다. 고대 메소포타미아 문명권에서 등장했다. 음수는 문헌상으로만 보면 기원후 3세기경 고대 중국에서 등장했다. 실제로는 기원전에 사용됐을 것으로 추측한다. 한참을 지나 17세기에 이르러서야 3.4와 같은 소수가 만들어졌다. 중학수학의 모든 수를 묶는 실수는 그 이후의 역사를 통해 정리되었다.

자연수	분수	무리수	0	음수	소수	실수
선사시대	기원전 2000년	기원전 6세기	기원전 3세기	기원후 3세기	17세기	17세기 이후

0이나 음수를 교과서에서는 사물의 크기로 설명한다. 아무것도 없는 것을 0, 빚이나 손해처럼 양수와 반대인 것을 음수라고 한다. 그러나 실제 역사는 그렇지 않다. 0은 수를 표기할 때 10의 자리, 100의 자리와 같은 특정 자릿값에 수가 없다는 기호로 등장했다. 그 자릿값이 비어 있다는 뜻이었다. 음수는 3−5와 같이 작은 수에서 큰 수를 빼면서 등장했다. 크기를 나타내려고 등장한 게 아니었다. 오히려 나중에 크기를 나타내는 방식으로 활용되었다.

자연수 → 정수

분수 → 유리수

중학수학에서는 수에 대한 초등수학의 용어를 그대로 사용하지 않는다. 자연수를 정수로, 분수를 유리수로, 0보다 큰 수를 양수라고 다시 부른다. 이름이 달라지는 건 상황이 바뀌었기 때문이다. 똑같은 학생이지만 중학교에 들어가면 속된 말로 중딩이라고 부른다. 초딩에서 중딩으로 달리 부른다. 이런 이치다. 여건과 상황이 달라지면 그에 따라 이름도 바뀐다.

자연수만 있던 세계에 분수가 등장했다. 분수라는 새로운 여건이 발생했다. 그러면 자연수와 분수를 비교하게 된다. 그 비교를 통해 같은 점과 다른 점을 정리한다. 분수는 1보다 작은 크기를 나타내는 수다. 온전한 하나보다 작은, 조각이나 부분을 표시한다. 이런 의미를 담아서 자연수를 정수라고 부른다. 정수(整數)의 정(整)은 가지런하다는 뜻이다. 자연수는 조각이 없이 깔끔하고 가지런하다. 그래서 정수다. 분수를 의식해서 자연수를 정수라고 달리 부른다.

음수의 등장 또한 기존의 수를 달리 보게 한다. 음수 이전의 수들은 0보다 큰 수였다. 그때 0보다 작은 음수가 등장했다. 그래서 기존의 수를 양수(positive number), 새로운 수를 음수(negative number)라고 불렀다. 양수란 음수를 의식하여 기존의 수를 다시 부른 이름이다.

무리수의 등장으로 또 한 번 기존의 수를 달리 보게 됐다. 정수의 비로 표현되지 않는, 분수로 표현되지 않는 수인 무리수의 등장으로 수를 보는 시각이 추가되었다. '비로 표현되는 수인가 아닌가'이다. 알고 보니 기존의 모든 수는 비로 표현되는 수였다. 그래서 기존의 모든 수를 담아낼 수 있는 분수를 유리수라고 바꿔 불렀다. 그리고 유리수가 아닌 새로운 수를 무리수라고 불렀다.

또 하나의 수, 문자

수인데 수라고 불리지 않는 수

중학수학에서 공식적으로 등장하는 새로운 수는 음수와 무리수다. 그러나 새로 등장하는 수이면서도 수라고 말해주지 않는 수가 있다. 교과서 이외의 곳에서는 수라고 불리지만, 교과서에서는 수라고 하지 않는다. 분명 수이고, 수처럼 사용되고 있는데도 말이다. 대신 문자라는 이름으로만 불린다.

문자와 식. 중학수학을 시작하면서 가장 큰 난관으로 꼽히는 영역이다. 그만큼 어렵고, 그만큼 새롭다. 많은 학생들이 문자와 식을 배우면서 수학의 장벽을 실감한다. 그 장벽 앞에서 자포자기하고 돌아선다. 그런데 꼭 기억해야 할 게 있다. 문자와 식도 수다. 굳이 이름을 붙이자면 대수(代數)라는 수다. 수를 웬만큼 다룬다면 문자도 충분히 잘 다룰 수 있다.

대수는 수(數)를 대신한다(代)는 뜻이다. 어떤 수를 대신하는데, 그 어떤 수를 문자로 나타낸다. 영어로는 algebra라고 한다. 이는 문자를 사용하고, 계산하는 분야인 대수학의 한 책으로부터 유래되었다. 9세기 전후에 활동했던 이슬람 수학자인 알콰리즈미가 쓴 책에서 사용된 al-jabr가 영어단어 algebra의 뿌리다.

수학에서의 문자는 곧 수다. a도 수이고, $a+b$도 수이고, ax^2+3x도 수다. 이 수에 다른 수를 더하거나 뺀 수 또한 수다. $(a+b)-(cx+4)$도 수이고, $(ax^2+3x) \div (b-c)$도 수다. 고로 문자는 수가 하는 모든 것을 할 수 있다. 가르기와 모으기도 할 수 있고, 문자끼리 사칙연산도 할 수 있다. 수가 사용되는 모든 곳에 문자도 사용될 수 있다. 다만 일반적인 수와 다르기에, 용법에 차이가 있다.

모르는 크기도, 무수히 많은 크기도 수로 표현한다!

문자는 크게 두 가지의 용도로 사용된다. 첫 번째는 모르는 수를 나타내는 경우다. 이런 수를 미지수라고 한다. 아직 모르는 수라는 뜻이다. 未知數, unknown number. 어떤 수가 있다. 그 수를 2배 한 값이 그 수를 5배 하여 7을 뺀 값과 같다고 하자. 우리는 그 수가 어떤 수인지 아직 모른다. 그 수를 알아내는 게 문제다. 이때 우리는 그 수를 a라고 하고, 수식을 세운다.

$$a \times 2 = a \times 5 - 7$$

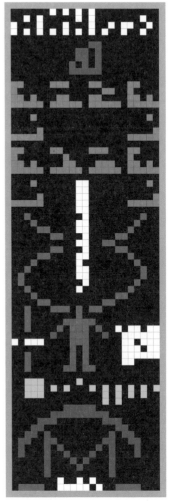

우주에 띄운 아레시보 메시지

아레시보 메시지(Arecibo message)는 외계인과의 접촉을 위해
우주에 보내는 메시지다. 지구에 대한 정보를 담고 있다.
숫자, DNA를 구성하는 원자, 태양계의 모습 등이 2진법으로 표현되어 있다.
지구인의 모습을 대표하는 모습도 있다.
무수히 많은 지구인들을 일반화한 모습이다.
변수로서의 문자는 무수히 많은 수를 하나의 수로 표현한다.

두 번째로 무수히 많은 경우를 대표할 때다. 이걸 조금 그럴듯한 말로 일반화라고 한다. 하나하나의 경우를 구체적이고, 개별적이며, 특수하다고 말한다. 반면 하나하나의 경우를 다 포함하는 모든 경우를 보편적, 일반적이라고 풀이한다. 직사각형이 있다. 가로의 길이와 세로의 길이에 따라 모양과 크기는 달라진다. 각 직사각형의 넓이를 구해보자.

가로의 길이	10	11.4	1001	⋯
세로의 길이	5	$\frac{3}{7}$	11111	⋯
넓이	10×5	$11.4 \times \frac{3}{7}$	1001×11111	⋯

직사각형의 모양과 크기는 무한하다. 넓이 또한 무한하다. 하지만 모든 직사각형의 넓이는 가로의 길이와 세로의 길이를 곱한 값이다. 패턴이 똑같다. 이때 우리는 가로의 길이를 x, 세로의 길이를 y로 하여 xy로 간단히 나타낼 수 있다. x는 모든 직사각형의 가로 길이, y는 모든 직사각형의 세로 길이를 뜻한다. 어떤 직사각형이냐에 따라 x, y값도, 넓이도 달라진다. 값이 달라지는 수이기에 변수라고 한다. 變數. variable.

문자, 사용 전과 후는 하늘과 땅 차이

수학에서 굳이 문자를 사용해야 할까? 처음 배우거나, 문자가 어려운 사람이라면 이런 질문을 하게 된다. 수학시간에 굳이 영어까지 끌어들여 공부해야 하냐며 푸념할 것이다. 안타깝지만 '사용해야 한다'. 사용하는 게 훨씬 좋다. 사용하느냐 안 하느냐는 말 그대로 하늘과 땅 차이다.

어떤 수를 2배 한 값이 그 수를 5배 하여 7을 뺀 값과 같을 때 그 수를 구하는 문제를 보자. 문자를 사용하지 않는 경우, 이 문제를 어떻게 해결할까? 어떤 수에 1, 2, 3과 같은 수를 대입해보면서 값을 추적해가는 방법을 많이 쓰게 된다. 대입해가면서 푸는 방법은 답이 정수인 경우에는 유용하다. 그러나 답이 분수만 되어도, 사실상 추적이 거의 불가능하다. 하지만 문자를 사용하면 어떤 경우도 풀 수 있다.

문자 대신 □를 써도 되는 거 아니냐고? 물론 그렇게 해도 된다. 그러나 □도 문자가 아닐 뿐 수를 대신한다. 모양만 다를 뿐이다. □를 쓰는 것이나 문자를 쓰는 것이나 역할은 똑같다. 모양으로 하면 문자가 아닌 것 같지만, 수를 대신하는 기호라는 점에서 동일하다.

변수로서의 문자도 사용 전과 후는 엄청난 차이다. 문자를 사용하지 않는다면 일반 언어로 표현해야 한다. '직사각형의 넓이'라든가, '가로의 길이와 세로의 길이의 곱' 따위로 나타내야 한다. 길고 복잡하며 소통하기에 불편하다. 방법을 모른다면 어쩔 수 없지만 아는데도 굳이 쓰지 않을 이유가 없다. 문자를 써본 사람은 문자를 쓰지 않는 수학이 더 어렵다. 그런 수학을 하는 게 더 못할 짓이다.

문자는 (아는 사람만 아는) 마법이다. 없던 것을 있게 만들고, 미래마저 보여준다. 정말이다. 사실 문자의 역할은 별 게 아니다. 뭔가 애매한 것을 명료한 문자로 표현해주는 것뿐이다. 어차피 모르고, 어느 한 값을 특정하지 못하는 것은 마찬가지다.

표현의 효과는 어마어마하다. 뭐라 말하기 애매한 것을 보여줌으로써 그것에 대해서 생각하고, 소통하게 해준다. 미지수를 a나 x로 표현

영화 〈E.T〉의 한 장면

우리는 아직 외계인을 만나보지 못했다.
못 봤다고 해서 그 모습을 그려볼 수 없다면
외계인을 다룬 영화는 가능하지 않다.
안 봤지만 외계인을 본 것처럼 표현함으로써
이야기는 전개되고, 영화는 가능해진다.
문자는 뭔가를 표현해줌으로써
수학이 지속되고 나아가게 해준다.

하면 우리는 그 문자를 통해 그 수를 기억할 수 있다. 이어서 그 수를 알아낼 수 있는 다양한 방법을 생각하고 시도해볼 수 있다. 막혔던 곳이 뚫리고, 끊겼던 이야기가 계속된다. 그러면서 문제를 해결하게 된다. 미래에나 알 수 있으리라고 생각했던 답을 오늘 알아내버린다. 문자로 표현했다는 이유만으로!

문자는 음수나 무리수처럼 갑자기 발견된 수가 아니다. 어느 순간 등장하여 기존의 생각을 서서히 바꾼 수가 아니다. 생각을 바꾸고 난 다음에야 사용할 수 있게 된 수다. 문자로 사용하면 되겠다고, 문자를 사용하면 더 편리하겠다는 생각을 받아들이게 되면서부터 쓰이기 시작했다.

문자를 지금처럼 사용하기 시작한 곳은 17세기 유럽이었다. 오늘날 a, b, c, x, y, z 같은 문자를 사용하는 이유다. 이 문자들은 그들이 사용한 알파벳이었다. 만약 다른 언어를 사용했다면 수학에서 사용하는 문자도 달라졌을 것이다. 우리나라에서 시작했다면 'ㄱ, ㄴ, ㄷ, ㅏ, ㅓ, ㅜ'나 '가, 나, 다' 같은 문자가 사용됐을 것이다.

17세기 이전에도 모르는 답을 구하는 문제는 있었다. 그것을 구하는 나름의 방법도 있었다. 그러다 모르더라도 그 수를 표현하는 게 편리하다는 점을 알게 되었다. 그 상황에서 금속활자가 발달하면서 책이 보급되기 시작했다. 각종 용어나 기호 등을 공통으로 사용할 수 있도록 정립해야 했다. 그런 배경 하에서 문자가 사용되어 지금처럼 정착되었다.

문자, 수학의 또 다른 도약

문자라는 수는 이전의 수와는 차원이 다르다. 이전의 수 사용 범주를

뛰어넘는다. 문자 이전의 수는 하나의 크기, 그것도 그 크기를 아는 경우에만 사용되었다. 그러나 문자는 그 크기를 모르는 경우에도 수를 사용하게 해준다. 하나의 크기만이 아니다. 무수히 많은 크기마저도 하나의 수로 표현해버린다. 그만큼 수를 다양하게 자유자재로 사용하게 해주는 수다.

수는 생각 가능한 크기였다. 그러나 그 크기는 우리가 이미 알고 있는 크기였다. 음수나 무리수도 우리의 생각 속에서 파악된 크기였다. 그러나 문자는 모르는 크기도 수로 표현해버린다. 기존에 사용되던 수 사용의 범위를 넘어섰다. 변수로서의 문자도 마찬가지다. 기존의 수는 알든 모르든 대상 하나의 크기를 나타냈다. 대상이 많다면 그만큼의 수가 필요했다. 그러나 변수는 무수히 많은 수를 하나의 문자로 표현해버린다. 패턴을 파악해, 많은 수를 한 방에 표현해버린다. 그만큼 수 사용의 범위가 확장되었다.

변수는 변화를 포함하고 있다. 변화를 수학의 주요 대상으로 다루기 시작했던 17세기 이후의 서양에서 발달했다. 변화를 수로 표현하게 되면서 변화도 수학이 다룰 수 있는 대상이 되었다. 그만큼 수학의 대상은 엄청나게 광범위해졌다. 변수를 사용하면서 함수, 미분이나 적분과 같이 이전에 없었던 수학도 만들어졌다. 그 수학을 발판삼아 근대문명도 발전할 수 있었다. 문자라는 아이디어가 있었기에 가능한 일이었다.

06

연산, 셈에서
논리적인 규칙으로

수 하면 바로 이어지는 게 수의 연산이다. 수는 어떤 대상의 크기를 나타내기 위해서만 사용되지 않는다. 수끼리 더하고 빼는 연산이 더 많이 쓰인다. 고로 수라면 당연히 연산이 가능해야 한다. 연산 가능한 모든 것이 수라고 말할 정도다. 그래서 우리는 새로운 수를 배울 때마다 그 수가 포함된 연산을 배운다.

중학수학으로 넘어가면서 수는, 사물의 세계에서 생각의 세계로 바뀌었다. 그렇다면 수의 연산에서도 상당한 변화가 있지 않을까? 그렇다. 연산의 의미나 방법에 많은 변화가 일어난다. 사칙연산을 중심으로 하나하나 살펴보자.

사칙연산의 뜻

사칙연산은 덧셈($+$), 뺄셈($-$), 곱셈($\times$), 나눗셈($\div$)을 말한다. 가장 오래된 연산이자 일상생활에서 가장 많이 사용하는 연산이다. 연산은 연산 기호의 의미에 따라 연산을 실시하면 된다. 가라면 가고, 오라면 오면 된다. 연산 기호의 의미를 정확히 아는 게 우선이다. 초등수학에서는 이 기호의 의미를 또박또박 설명한다.

> $a+b \rightarrow$ a에 b를 더한다.
>
> $a-b \rightarrow$ a에서 b를 뺀다.
>
> $a \times b \rightarrow$ a를 b번 반복해서 더한다.
>
> $a \div b \rightarrow$ a를 b개로 똑같이 나눈다.

가장 어려운 연산이 나눗셈이다. 분수와 소수의 나눗셈을 하려면 골치깨나 썩게 된다. 분모가 다르다거나, 소수점의 개수가 다르면 신경을 더 써야 한다. 이제는 일상생활에서 그런 계산을 하는 경우가 거의 없어 그렇게까지 해야 하나 싶을 정도다.

나눗셈에는 두 가지 방법이 있다. $10 \div 2$를 보자. 첫 번째 나눗셈은 10개를 두 묶음으로 똑같이 나눌 때 한 묶음에 몇 개가 들어가느냐의 뜻이다. 한 묶음에 5개씩 들어갈 것이니 5가 답이다. 이 방법을 등분제라고 부르기도 한다. 우리가 보통 몇 등분한다는 의미의 나눗셈이다.

두 번째 방법으로 $10 \div 2$을 해보겠다. 이 방법은 10개를 2개씩 묶어간다면 몇 묶음이 나오겠냐는 뜻이다. 총 5개의 묶음이 나올 것이니 답은 5

⚜ 귤 10개를 두 접시에 똑같이 나누어 보세요.

• 한 접시에 귤을 몇 개씩 놓았습니까?

초등 3-1 나눗셈

⚜ 귤 15개를 3개씩 나누어 보세요.

• 15에서 3을 몇 번 빼면 0이 되나요?

$$15-\square-\square-\square-\square-\square=0$$

• 3개씩 묶으면 몇 묶음인가요?

초등 3-1 나눗셈

이다. 이 방법을 포함제라고 한다. 일정한 개수로 묶을 때 몇 묶음이 되는지를 묻는다. 나눗셈을 뺄셈으로 생각할 수 있다고 할 때의 방법이다.

두 방법의 결과는 같다. 같은 문제를 어떤 방법으로도 풀어낼 수 있다. 그때그때 적절한 방법이 사용된다. 책을 보면 포함제가 더 많이 쓰인다. $4 \div \frac{2}{5}$ 의 경우처럼 나누는 수가 자연수가 아닌 경우 등분제는 상당히 억지스럽다. 4개를 $\frac{2}{5}$ 묶음으로 똑같이 나누라는 것인데 어색하다. 하지만 4개를 $\frac{2}{5}$ 개씩 묶어가라는 포함제로 생각하면 의미가 더 분명하고 어색하지 않다.

초등수학의 연산: 실제로 해보고 그 결과를 수로 나타낸다

초등수학의 연산만 해도 다양하다. 자연수와 분수, 분수와 분수, 분수와 소수 등 여러 가지 경우로 나뉘어 있다. 분수는 분모의 크기에 따라, 소수는 소수 몇째 자리인가에 따라 연산은 더 복잡해진다. 서로 다른 경우에 맞게 연산하는 법을 익힌다. 그러나 실상 초등수학의 연산 방법은 매우 간단하다. 한 가지 방법을 경우에 맞게 적용하는 것뿐이다.

초등수학의 연산은 실제로 해보는 것을 원칙으로 한다. 수를 크기로 바꾸고, 연산 기호에 따라 크기를 더하고 뺀다. 기호가 지시하는 대로 정확히 시행한 다음 그 결과를 수로 표현한다. 정교하게 실험하여, 정확한 결과를 얻어내는 과학과도 같다. 상대적으로 어려운 곱셈과 나눗셈을 통해 확인해보자.

$\frac{2}{3} \times \frac{4}{5}$ 를 계산하는 방법을 알아보세요.

- $\frac{2}{3} \times \frac{4}{5}$ 를 색칠하기 위해 전체의 $\frac{2}{3}$ 만큼 분홍색으로 칠하세요.
  그다음 분홍색 부분의 $\frac{4}{5}$ 만큼 파란색으로 칠하세요.

- 겹쳐서 색칠한 부분을 분수로 나타내 보세요.

초등 5-1 분수의 곱셈

⁂ 3÷7을 분수의 곱셈으로 나타내 보세요.

• 막대 3개를 각각 똑같이 7로 나눕니다. 그중의 한 칸씩을 색칠하세요.

• 색칠한 부분을 모두 모으면 막대 하나의 몇 분의 몇이 됩니까?

• 색칠한 부분의 크기를 $3 \times \dfrac{1}{7}$ 이라고 말할 수 있습니까?

초등 5-2 분수의 나눗셈

첫 번째 경우는 $\dfrac{2}{3} \times \dfrac{4}{5}$ 이다. 모눈종이 모양의 수모형이 보인다. 전체가 1인데 3조각씩 다섯 줄, 총 15조각으로 나뉘어 있다. 먼저 $\dfrac{2}{3}$ 만큼을 분홍색으로 칠하라고 한다. 15조각의 $\dfrac{2}{3}$ 이니 10조각이다. 다음은 분홍색의 $\dfrac{4}{5}$ 를 파란색으로 칠한다. 그러면 8조각이 된다. 전체가 15조각인데, 그중의 8조각이니 답은 $\dfrac{8}{15}$ 이 된다.

두 번째는 나눗셈이다. 3÷7을 하기 위해서 7개로 나눠진 막대 세 개가 놓여 있다. 각 막대에서 한 조각씩을 색칠하라고 한다. 각 막대를 7로 나누는 것과 같다. $1 \div 7 = \dfrac{1}{7}$. 그러고는 색칠한 부분을 모은다. $\dfrac{1}{7}$ 이 3개이니, $\dfrac{3}{7}$ 이 된다. 결과적으로 3개를 7등분한 셈이다. 이렇게 해서 $3 \div 7 = \dfrac{3}{7}$ 이다.

곱셈도, 나눗셈도 초등수학의 연산은 직접 해보는 것이다. 실제 크기를 가지고 더하고 빼며 그 결과를 몸으로 확인한다. 이게 가능한 이유는 초등수학의 모든 수가 크기로 표현 가능하기 때문이다. 수를 크기로 바꾼 다음, 연산 기호가 하라는 대로 크기에 변화를 준다. 그 결과가 답이다. 하라는 대로 잘할 수 있는 몸과, 결과를 수로 잘 바꾸는 수 감각만 있으면 된다.

초등수학의 연산은 과학실험에 가깝다. 크기를 잘 자르고, 옮기고, 색칠하고, 세면서 답을 찾아간다. 몸을 움직이고 뛰면서 연산을 행한다.

○• 간단한 연산법을 알려준다

그러나 모든 연산을 직접 해보는 것은 복잡할뿐더러 어렵다. 분수나 소수로 가면 정말 어려워진다. $\frac{3}{7} \times 3.2$나 $4.5 \div \frac{9}{5}$처럼 섞여 있게 되면 분수나 소수를 적절하게 바꿔서 계산해야 한다. 분수나 소수의 계산은 직접 해보는 게 오히려 더 어렵다. 설명하는 선생님도, 이해하려는 학생도 답답하다. 그래서 보다 간단히 할 수 있는 방법을 알려준다. 종이 위에서 수들을 직접 연산하는 방법 말이다.

$\frac{2}{3} \times \frac{4}{5}$는 실제로 해보면 답이 $\frac{8}{15}$이다. 초등수학에서는 이 사실을 먼저 확인한 다음, 그 결과가 분모는 분모끼리 곱하고, 분자는 분자끼리 곱한 값과 같다는 사실을 배운다. 앞으로는 분수의 곱셈을 분모끼리 곱하고, 분자끼리 곱하는 방식으로 하라고 당부한다.

⩨ 다음을 계산하여 $\frac{2}{3} \times \frac{4}{5}$의 값과 비교해 보세요.

$$\frac{2 \times 4}{3 \times 5} = \boxed{}$$

• $\frac{2}{3} \times \frac{4}{5}$를 쉽게 계산할 수 있는 방법을 이야기해 보세요.

초등 5-1 분수의 곱셈

$$\frac{2}{3} \times \frac{4}{5} \xrightarrow[\substack{\text{② 분모끼리 곱하고} \\ \text{분자끼리 곱한다.}}]{\text{① 실제로 해본다.}} \frac{8}{15}$$

⇒ ①＝②이므로 ②의 방법을 쓰라!

초등과정에서는 나눗셈을 쉽게 하는 방법도 소개한다. $3 \div 7$를 실제로 해보고 답이 $\frac{3}{7}$ 임을 먼저 확인시켜 준다. 그러고는 이 답이 $3 \times \frac{1}{7}$ 과 같다는 사실을 보여준다. 나눗셈은 나누는 수의 역수를 곱해주는 것과 같다. 그러니 굳이 어렵게 하지 말고, 나눗셈을 곱셈으로 바꿔 보다 쉽게 하라고 알려준다.

≠ $\frac{3}{5} \div 4$를 계산하는 방법을 알아보세요.

· $\frac{3}{5} \div 4$를 분수의 곱셈식을 바꿔 계산해 보세요.

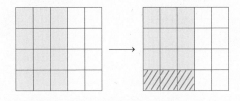

· 그림을 보고 □ 안에 알맞은 수를 써 넣으세요.

$$\frac{3}{5} \div 4 = \frac{3}{5} \times \frac{\square}{\square} = \frac{\square}{\square}$$

초등 5-2 분수의 나눗셈

$$\frac{3}{5} \div 4 \xrightarrow[\substack{② \text{나누기를 곱셈으로} \\ \text{나누는 수를} \\ \text{역수로 바꾼다.}}]{① \text{실제로 해본다.}} \frac{3}{5} \times \frac{1}{4} = \frac{3}{20}$$

⇒ ①＝②이므로 ②의 방법을 쓰라!

이 두 가지 방법만으로도 초등수학의 곱셈과 나눗셈은 해결된다. 어떤 수가 나온다고 할지라도 이 방법이면 거뜬히 해치울 수 있다. 여기에

때때로 덧셈과 뺄셈의 관계나 곱셈과 나눗셈의 관계가 활용된다.

수의 단위가 같아야 덧셈과 뺄셈이 가능하다

왼쪽 그림을 보자. 사과 두 개가 있다. 여기에 배 하나가 추가되었다. 그럼 몇 개일까? 바로 답변하기가 애매할 것이다. 사과와 배가 달라서다. 배 하나가 추가됐다고 해서 사과의 개수가 변한 것은 아니다. 굳이 전체 개수를 알고 싶다면, 사과나 배가 아니라 과일이라는 범주로 물어봐야 한다. 과일의 개수는 3이다.

오른쪽에는 사과 하나와 사과 반쪽이 있다. 이것은 몇 개일까? 이 질문에도 답변이 즉각 나오지는 않는다. 온전한 하나와 부분인 하나가 섞여 있기 때문이다. 사과 반쪽을 기준으로 하면 3개이고, 사과 하나를 기준으로 하면 1.5개이다.

수와 계산에서 제일 중요한 것은 단위다. 자연수, 분수, 소수처럼 수가 달라지는 것은 단위 때문이다. 계산하는 대상끼리 단위가 다르면 계산을 하지 못한다. 사과와 배는 단위가 다르다. 굳이 계산하려면 '과일'이라는 단위로 맞춰줘야 한다. 자연수의 계산이 쉬운 것은 자연수의 단위가 1로 모두 같기 때문이다.

분수와 소수의 계산이 어려운 이유는 단위가 다르기 때문이다. 분수는 분자가 1인 분수가 단위분수다. 단위분수는 무한히 많다. $\frac{1}{2}$, $\frac{1}{3}$, $\frac{1}{4}$, $\frac{1}{5}$, …. 단위가 다른 분수가 무한히 많다. 고로 단위가 다른 분수끼리의 계산은 먼저 단위를 맞춰줘야 한다. 그 과정이 통분이다.

$$\frac{1}{2} + \frac{1}{3} \xrightarrow{\text{단위를 맞춘다.}} \frac{3}{6} + \frac{2}{6}$$

연산이 가능하려면 수끼리의 단위가 같아야 한다. 단위가 같은지 다른지를 먼저 확인해야 한다. 단위가 다르다면 바로 계산할 수 없다. 먼저 단위를 맞춰줘야 한다. 그다음에야 비로소 계산이 가능해진다.

중학수학의 연산: 초등수학의 방법으로는 안 된다

음수라는 수로 시작되는 중학수학, 연산에서는 어떤 일이 일어날까? 음수를 포함한 계산을 구체적으로 생각해보자. 편의상 정수만 가지고 생각해보겠다.

$$(+3)+(-2) \qquad (-3)+(-2)$$
$$(+3)-(-2) \qquad (-3)-(-2)$$
$$(+3)\times(-2) \qquad (-3)\times(-2)$$
$$(+3)\div(-2) \qquad (-3)\div(-2)$$

구관이 명관이란 말처럼, 초등수학의 연산 그대로를 적용해보자. 수를 실제 크기로 바꿔, 기호가 지시하는 대로 해보자. 음수는 손해, 양수는 이익이다. 덧셈은 쉽게 이해된다. $(+3)+(-2)$는 이익 3에 손해 2이니 최종적으로는 $+1$이다. $(-3)+(-2)$는 손해 3에 손해 2가 더해진 것이니 결국 손해 5인 -5가 된다. 음수의 덧셈은 해결!

음수의 뺄셈을 해보자. $(+3)-(-2)$는 이익 3에 손해 2를 빼는 것이다. '손해 2를 뺀다', 일상적으로 흔히 쓰는 말은 아니다. 그러나 수학을 위해 굳이 해석해보자. 손해를 제거해준다는 의미로 해석하면 결론적으로 2만큼 이익을 보는 것이다. 그래서 $-(-2)=+2$가 된다. 조금 억지스럽고, 답에 꿰맞춘 느낌이다. 손해를 제거해주면 이익이 아니라 그냥 변화가 없는 것 아닌가? 이런 생각도 든다. 백번 양보해 $-(-2)=+2$라고 인정하면, 뺄셈도 해결됐다.

곱셈이나 나눗셈으로 넘어가자. $(+3)\times(-2)$, 이익 3을 손해 2만큼 더한다? $(+3) \div (-2)$, 이익 3을 -2개로 나눈다? 이 식이 해석 가능하고, 계산 가능하다고 보는가? 이래저래 해석하기도 하지만 억지스럽다.

초등수학 방식의 연산은 음수의 계산을 해결하는 데 한계가 많다. 어떤 방법이든 타당한 방법으로 인정받으려면 모든 경우를, 동일한 방법으로 해결할 수 있어야 한다. 그러나 곱셈이나 나눗셈의 경우는 명쾌하게 해결되지 않는다. 쿨하게 이 점을 인정하자.

연산에 대한 초등수학 식의 방법은 음수의 연산을 해결하지 못한다. 연산에 대한 아이디어를 폐기하거나 바꿔야 한다. 폐기할 수는 없다. 그러면 음수를 온전히 사용하지 못한다. 연산의 방법이나 의미를 바꿔서 해결하는 수밖에 없다.

새로운 방법을 생각해낼 때 명심해야 할 점이 있다. 어떤 방법이든 그 방법이 뭔지 명확하게 설명되어야 한다. 그리고 그 방법으로 모든 경우를 해결해야 한다. 하나라도 해결되지 않는다면 그 아이디어 역시 폐기돼야 한다. 한 가지가 더 있다. 새로운 방법이라고 할지라도 여전히 $1+1=2$, $3 \div 5 = \frac{3}{5}$이 되어야 한다. 이전의 결과를 달라지게 해서는 안된다.

∘• 수직선을 이용하여 음수의 계산을

음수의 계산을 위해 자주 활용되는 게 수직선이다. 수직선에서 모든 수는 위치로 표시된다. 그 기준은 0이다. 수직선에서의 연산이란 이동이다. 0에서 출발하여 수만큼, 연산 기호가 지시하는 만큼 움직인다. 최종적인 위치가 답이다.

보통 (+)는 오른쪽으로 이동, (−)는 왼쪽으로 이동한다. 규칙이 간단해서 좋다. 이 규칙만으로 연산을 다 해결할 수 있는지 보자. 6+2는 0으로부터 +6의 위치로 이동하고, +이니 오른쪽으로 2만큼 또 이동한다. 그러면 +8이 된다. 좋다! 이제 음수를 넣어보자.

6+(−2). 이 식은 0에서 먼저 +6으로 이동한다. 다음은 +이니 오른쪽으로 이동한다. 그런데 더해지는 수가 −2이다. 이 경우는 덧셈이지만 뺄셈처럼 방향을 바꾸는 걸로 생각하는 게 좋다. 그러니 방향을 바꿔 2만큼 왼쪽으로 이동한다. 결론적으로 +2만큼 빼는 것과 같다. 즉, +6에서 −2를 더하는 것이므로 +4이다.

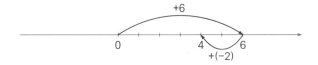

6−(−2). 뺄셈을 풀어보자. 0에서 6으로 이동한다. 연산 기호가 −이니 왼쪽으로 이동할 준비를 한다. 그런데 음수를 빼야 한다. 음수를 더하거나 뺄 때는 방향을 바꾸는 걸로 생각하자고 했다. 그러면 6−(−2)는 6에서 왼쪽으로 가려다가, 다시 오른쪽으로 방향을 틀어 두 칸 이동하는 것이 된다. 고로 +8이다. 나쁘지 않다. 다음!

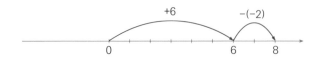

(−2)×6과 같은 (−)×(+)도 비교적 잘 해결된다. 곱셈을 앞 수만큼 반복하여 위치 이동하는 것으로 생각하면 된다. (−2)×6=(−2)+(−2)+(−2)+(−2)+(−2)+(−2). 0에서 −2로 이동한다. 다음은

그 이동을 여섯 번 반복한다. 그래서 −12이다. good!

6×(−2)는 어떨까? 일단 이 식을 덧셈으로 풀어쓸 수는 없다. (−2)를 반복할 수 없기 때문이다. 어쨌거나 먼저 0에서 6으로 이동하자. 여기서 어디로 얼마만큼 이동하면 될까? 음수를 곱하는 것이니 양수의 곱셈과는 반대 방향으로 반복해서 이동하면 되지 않을까? 그러면 +6의 위치에서 왼쪽으로 방향을 바꿔 6만큼 두 번 이동해야 한다. 그러면 답은 −6이다.

6×(−2)=−6. 이상하다. 이제껏 음수의 계산은 부호 처리의 문제였다. 크기만으로 보면 양수의 사칙연산과 같았다. 그리 보면 6×(−2)는 +12나 −12가 되어야 할 것 같은데 −6이 나왔다.

6×(−2)=−6이 틀렸다는 것을 우리는 비교적 쉽게 확인할 수 있다. 곱셈의 경우 순서를 바꿔도 결과는 같다. 2×3=3×2. 이 사실을 이용하면 6×(−2)=(−2)×6이어야 한다. 즉 6×(−2)=−12이어야 한다. 그런데 수직선의 이동 규칙을 따라 6×(−2)를 했더니 −6이 나왔다. 느낌상 6×(−2)가 −12일 것 같은데. 그래서 설명방법을 살짝 바꾼다. 음수를 곱할 때는 방향을 바꿔 곱하라고 한다. 6×(−2)를 (−6)×2처럼 하라는 것이다. 갑작스럽게 규칙을 바꾼다.

수직선의 이동을 통한 연산은 명확하지 않다. 이동 규칙이 그때그때 새로 추가되는 형국이다. 모든 규칙이 처음에 분명하게 제시된 상태에서 모든 경우를 일관되게 풀어가지 않는다. 더 큰 문제점은 음수의 나눗셈을 수직선으로는 설명하지 못한다는 사실이다.

$6 \div (-2)$, $(-6) \div (-2)$, $\frac{23}{111} \div \left(\frac{-7}{5}\right)$과 같은 나눗셈을 어떻게 설명할 것인가? 음수 이전에 자연수에서도 나눗셈을 풀 방도가 마땅하지 않다. $6 \div 2$를 수직선으로 풀어보라.

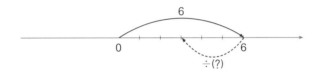

늘 그렇듯 0에서 6으로 이동한다. 다음은 어디로 어떻게 가야 할까? 나누기 부호를 어떤 이동 규칙으로 이해하면 될까? $6 \div 2$의 답이 3임을 우리는 안다. 6으로부터 3으로 이동하면 된다. '나눗셈답게 어떻게?'가 문제다. 0부터 6까지의 거리를 두 개로 나누면 2로 이동한다고 말하면 안 될까? 안 된다. 그건 결과를 미리 알고 수직선을 이용해 사후적으로 설명할 뿐이다. 수직선만으로 나눗셈을 하면 2가 나온다는 것을 보여줘야 한다. 일정한 거리를 몇 등분하는 나눗셈만의 방법이 제시되어야 한다. 다른 방법으로 답을 알고서 수직선으로 알아낸 것처럼 말하는 건 반칙이다.

나눗셈을 수직선으로 설명하는 경우는 거의 없다. 천 번 양보해 $6 \div (-2)$나 $(-6) \div (-2)$와 같은 정수의 나눗셈을 할 수 있다고 치자. $\frac{23}{111} \div \left(\frac{-7}{5}\right)$과 같은 나눗셈을 수직선의 이동으로 어떻게 설명할 것인가? 불가능하다.

수직선으로 음수의 연산을 설명할 경우는 대부분 덧셈, 뺄셈, 곱셈이다. 그러나 처음에 이동 규칙을 명확히 제시하지 않고 그때그때 수직선을 이용해 설명한다. 뭔가 제대로 된 방법이 아니다. 실상 수직선은 음수의 연산을 시각적으로 보여주는 용도다. 음수의 연산이 눈에 보이기 때문에 머릿속 생각보다 쉽게 이해된다.

수직선을 이용한 연산은 제대로 된 방법이 아니다. 수직선이라는 방법과 규칙을 통해서 그 결과가 나온 게 아니다. 앞서 제시된 연산 결과를 수직선으로 보여주는 보조 수단이다. 수직선을 처음 만든 사람의 의도 또한 그러했다. 음수와 음수의 덧셈이나 뺄셈 정도를 보여주려 했다. 음수의 연산을 해결하기 위해서는 다른 방법을 찾아야 한다. 그 방법을 수직선으로 다시 이해해보는 것은 각자 알아서 할 문제다.

◦• 양수의 연산 패턴을 음수로 확장해보는 방법!

초등수학의 방법과 수직선을 이용한 방법은 실패했다. 다른 방법을 찾아봐야 한다. 그중 썩 괜찮은 방법이 있다. 양수의 연산 결과를 보고서 일정한 패턴을 찾아내, 그 패턴을 음수까지 밀고 가는 방법이다. 실제 예시를 들어 이해해보자.

$$6+4=10$$
$$6+3=9$$
$$6+2=8$$
$$6+1=7$$
$$6+0=6$$

$$6-4=2$$
$$6-3=3$$
$$6-2=4$$
$$6-1=5$$
$$6-0=6$$

$$6\times4=24$$
$$6\times3=18$$
$$6\times2=12$$
$$6\times1=6$$
$$6\times0=0$$

$$6\div4=\frac{6}{4}$$
$$6\div3=\frac{6}{3}$$
$$6\div2=\frac{6}{2}$$
$$6\div1=\frac{6}{1}$$
$$6\div0=\frac{6}{0}\,(?)$$

양수와 0이 포함된 사칙연산이다. 사칙연산의 의미를 따라 실시한 결과를 연산별로 적어봤다. 이제는 이 결과에서 패턴을 찾아보자.

덧셈을 보자. 6에 어떤 수를 더해가는데, 1씩 작은 수를 더해간다. 그 결과 답도 1 작은 수가 된다. 6에 4를 더하면 10, 3을 더하면 9, 2를 더하면 8이다. 뺄셈은 반대다. 1 작은 수를 뺄수록 답은 1 큰 수가 된다. 6에서 4를 빼면 4, 3을 빼면 3, 2를 빼면 4가 된다.

곱셈은 1 작은 수를 곱할수록 곱해지는 수인 6만큼 작아진다. 6에 4를 곱하면 24, 3을 곱하면 18(=24−6), 2를 곱하면 12(=18−6)이다. 나눗셈은 1 작은 수를 나눌수록 답의 분모가 1씩 줄어든다. 6을 4로 나누면 $\frac{6}{4}$, 3으로 나누면 $\frac{6}{3}$, 2로 나누면 $\frac{6}{2}$ 이다. 각 연산마다 커지고 줄어드는 패턴을 파악했다.

그럼 이제 이 패턴을 0보다 작은 수인 음수까지 확장해보자.

$6+4=10$	$6-4=2$	$6\times4=24$	$6\div4=\dfrac{6}{4}$
$6+3=9$	$6-3=3$	$6\times3=18$	$6\div3=\dfrac{6}{3}$
$6+2=8$	$6-2=4$	$6\times2=12$	$6\div2=\dfrac{6}{2}$
$6+1=7$	$6-1=5$	$6\times1=6$	$6\div1=\dfrac{6}{1}$
$6+0=6$	$6-0=6$	$6\times0=0$	$6\div0=\dfrac{6}{0}\,(?)$
$6+(-1)=5$	$6-(-1)=7$	$6\times(-1)=-6$	$6\div(-1)=\dfrac{6}{-1}$
$6+(-2)=4$	$6-(-2)=8$	$6\times(-2)=-12$	$6\div(-2)=\dfrac{6}{-2}$

양수에서의 연산 패턴을 그대로 이어받아 음수에 적용했다. 0보다 작은 수인 −1을 더하면 5가 되고, −1을 빼면 7이 되고, −1을 곱하면

−6이 되고, −1을 곱하면 $\frac{6}{-1}$ 이 된다. 매우 규칙적인 연산결과를 패턴을 통해 얻게 된다. 임의로 얻은 것도 아니고, 양수끼리의 연산결과를 망가뜨리는 것도 아니다. 음수의 연산을 꽤나 수학적으로 해결할 수 있는 희망을 발견할 수 있다.

그런데 이 방법에는 결정적인 약점이 있다. 양수에서의 패턴이 음수까지 그대로 적용된다는 보장을 할 수 없다. 왜, 어떻게 해서 그렇게 되는지를 설명할 길이 없다. 게다가 양수에서의 패턴과 음수에서의 패턴은 얼마든지 다를 수도 있다. 같을 수도 있지만, 얼마든지 다를 수도 있다.

$$1, 3, 5, 7, 9, ?$$

물음표에 뭐가 들어갈까? 11을 쉽게 떠올릴 수 있다. 2씩 커지는 수라는 규칙에 따라서다. 그런데 그 누구도 이 수열의 규칙이 2씩 커진다고 말한 적이 없다. 앞에서 2씩 커졌다고 해서 그 뒤도 계속 그러리라는 법은 어디에도 없다. 2씩 커질 수도 있지만, 1, 3, 5, 7, 9가 반복되는 수열일 수도 있다. 그러면 ?에 들어갈 수는 1이다. ?부터는 3씩 커지는 수열일 수도 있다. 그러면 ?에 들어갈 수는 12다. 이 점은 음수의 연산에도 적용된다.

양수의 연산에서 발견된 패턴이 반드시 음수에도 적용된다고 말할 수는 없다. 그럴 수도 있겠다고 추측하는 건 가능하다. 그렇지만 그렇게 단정할 수는 없다. 뭔가 다른 수학적(?)인 방법이 필요하다.

연산에 대한 생각을 바꾸자!

기존의 연산 방법이나 수직선, 패턴에 의한 방법은 모두 음수의 연산 문제를 해결하는 데 실패했다. 추측할 수는 있으나 해결하지는 못한다. 그들의 역할은 여기까지다. 이제 시도해야 할 방법은 음수의 연산도 문제없이 해결하도록 연산을 둘러싼 아이디어를 바꾸는 것이다. 음수를 수로 포함하기 위해 수의 의미를 바꿨던 것과 같이.

음수를 통해 수는 생각 가능한 크기로 전환되었다. 수가 이렇게 달라진 만큼 연산 역시 이에 걸맞은 변화를 가져야 한다. 초등수학의 연산은 크기를 놓고 벌이는 실험의 결과였다. 각 연산에는 일정한 의미가 있었고, 그 의미에 따라 연산 규칙이 정해졌다. 이제 그런 식의 연산은 불가능하다. 연산의 의미와 해석이 달라져야 한다. 연산 역시 생각 가능한 연산으로 바뀌어야 한다.

∽ 연산 규칙은 설정해주면 된다

연산은 수 3개와 기호 2개로 구성된다. 1, 1, 2라는 수와 +, =라는 기호가 1+1=2라는 식으로 결합된다. 수가 더 많은 연산은, 두 수의 연산을 여러 번 하면 된다.

$$2+3+7+8=(2+3)+7+8=(5+7)+8=12+8=20$$

모양새로만 보면 연산은 두 수를 집어넣어 하나의 수를 이끌어내는 과정이다. 연산 기호는 두 수가 어떤 수로 결정되는가를 말해준다. 기호가 다르면 규칙이 다르다. +, −, ×, ÷는 다른 규칙에 의해 수를 연결한다. 3＋2는 5로 연결되지만, 3－2는 1로 연결된다. 연산은 결국 수들 사이의 관계를 정해주는 규칙이다.

연산의 규칙은 설정해주는 것이다. 이제 연산은 '게임'이 돼버렸다. 더 재미있게 게임하기 위해 규칙을 바꾸듯이, 기존의 연산을 만족시키면서 음수의 연산도 해낼 수 있는 규칙을 설정하면 된다. 초등수학의 연산과 반대다. 초등수학에서는 사물을 통해 직접 해봄으로써, 연산 규칙은 결과적으로 얻어졌다. 그러나 이제는 몇 가지 사항을 고려해 연산 규칙을 정해주면 된다. 연산의 규칙이 결과적으로 만들어지는 게 아니라, 연산의 규칙이 원인이 되어 수들의 연산을 시행해나간다.

1＋1＝2를 증명한 수학자가 있다. 꽤 유명한 학자인 버트런드 러셀과 알프레드 노스 화이트헤드 두 사람이 1＋1＝2를 길고도 긴 과정을 통해 증명했다. 그들은 1이 무엇인지부터 정의하면서 1＋1＝2를 증명하고자 했다. 20세기 초반의 일이었다. 기존의 방법으로는 음수의 연산을 해결하지 못해, 음수의 연산을 설정해줘야 할 우리 처지와 비슷했다.

수와 연산을 엄밀하게 정의하는 문제는 수학에서도 아주 어려운 문제였다. 이 문제를 이제야 수학다운 수학을 시작하는 중학생들이 결론 그대로를 이해한다는 건 힘든 일이다. 중학생 수준으로는 수학의 최종적인 결론을 공부하기 어렵다. 그렇다고 초등수학의 방법을 계속 고집할 수도 없다. 달리 공부하되, 중학교라는 수준을 감안하여 적절하게 타협할 수밖에 없다. 그게 중학수학의 현주소이다. 의문을 이어가되, 이해할 건 이해하고 외울 건 외워야 한다. 그래도 초등수학의 방법이 더 이상 통하지 않는다는 것, 새로운 방법과 아이디어가 필요하다는 것만큼은 공감하도록 하자.

사칙연산은 다른 것 같지만 서로 간에 관계가 있다. 곱셈은 같은 수의 덧셈이기에 덧셈으로부터 나왔다. 나눗셈은 뺄셈으로도 설명된다. 같은 수를 몇 번 뺄 수 있느냐가 나눗셈이다. 뺄셈도 덧셈으로 설명 가능하다. 2를 빼는 것은 −2를 더하는 것과 같다. 이렇듯 사칙연산은 얽히고설켜 있다. 그래서 사칙연산을 따로따로 정의하지 않는다. 최소한의 정의를 내린 다음, 그 정의로부터 다른 연산을 이끌어낸다. 그것이 더 깔끔하고 아름답다.

이탈리아 수학자, 주세페 페아노(Giuseppe Peano, 1858~1932)는 수와 연산을 정의하는 데 중요한 역할을 했다. 그는 먼저 자연수와 기본적인 연산을 정의했다. 이 정의를 확장해 다른 수와 연산도 정의했다. 수나 연산을 형식적인 기호와 정해진 규칙으로 정의했다. 설정한 것이다.

페아노는 덧셈과 곱셈을 정의했다. 뺄셈과 나눗셈은 덧셈과 곱셈으로부터 유추한다. 뺄셈은 덧셈의 역이고, 나눗셈은 곱셈의 역이다. 그는 덧셈과 곱셈의 정의를 다음과 같이 조금 유별나게 정의했다.

덧셈: $a + 0 = a$

$a + S(b) = S(a+b)$ $S(n)$은 n 다음의 자연수다.

곱셈: $a \times 0 = 0$

$a \times S(b) = a + (a \times b)$

무슨 말인지 알면 좋지만, 몰라도 상관없다. 저런 식으로 덧셈과 곱셈을 정의해줬다고 알면 된다. 엄밀한 규칙에 의해 나온 것이란 느낌도

들 것이다. 어찌 됐든 이 정의에 의해 덧셈과 곱셈을 하면 우리가 익히 알고 있는 자연수의 덧셈, 곱셈과 결과는 같다. 어차피 결과는 정해져 있지 않았던가! 이런 사정을 알고 있되, 우리는 우리의 사정에 맞게 음수의 연산을 다뤄보자.

음수의 연산 : 음수를 정의하다

음수의 연산을 살펴보려면 몇 가지 재확인해야 할 것이 있다. 자연수의 세계에서 성립했던 몇 가지 성질이다. 이 성질은 음수에 대해서도 성립해야 한다.

- $3+4=7 \rightarrow 7-4=3,\ 7-3=4$
  $3 \times 4=12 \rightarrow 12 \div 3=4,\ 12 \div 4=3$
  : 덧셈과 뺄셈의 관계, 곱셈과 나눗셈의 관계가 성립한다.

- $2+3=3+2,\ 2 \times 3=3 \times 2$
  : 순서를 바꾸어 더하거나 곱해도 된다. → 교환법칙

- $(2+3)+4=2+(3+4),\ (2 \times 3) \times 4=2 \times (3 \times 4)$
  : 어느 수를 먼저 더하거나 곱해도 된다. → 결합법칙

- $2 \times 7=2 \times (3+4)=2 \times 3+2 \times 4=6+8=14$
  $ =2 \times (2+5)=2 \times 2+2 \times 5=4+10=14$
  $ =2 \times (9-2)=2 \times 9-2 \times 2=18-4=14$
  : 두 수를 곱할 때, 쪼개서 해도 되고, 묶어서 해도 된다. → 분배법칙

음수의 연산을 다루려면 음수를 명확하게 정의해야 한다. 우리는 음수를 다루면서 0보다 작은 수라고 했다. 이때 작다는 뜻은 수직선에서 0보다 왼쪽에 있다는 뜻이었다. 그런데 이 정의만으로는 어떤 연산도 시행할 수가 없다. 연산을 할 수 있게 해주는, 음수에 대한 정의가 필요하다.

양수와의 관계를 이용하는 게 좋은 방법이다. 뺄셈을 덧셈과의 관계로, 나눗셈을 곱셈과의 관계로 정의하는 것과 같다. 우리에게 양수는 확실하다. 그러니 음수를 양수와의 관계를 이용해서 정의할 수 있다면 우리는 음수를 확실하게 정의하게 된다.

2에다가 (-2)를 더하면 0이다. 크기는 같되 성질이 반대이니 더하면 0이 된다. $2+(-2)=0$이다. 이 식을 이용하면 음수를 양수와의 관계로 정의할 수 있다.

$$(+2)+(-2)=0 \ \rightarrow \ (-2)=0-(+2)$$
$$양수+음수=0 \ \rightarrow \ 음수=0-양수$$

음수는 '같은 크기의 양수를 더했을 때 0이 되게 하는 수'다. 또는 0에서 같은 크기의 양수를 뺀 수다. 조금 길기는 하지만 이 정의에는 우리가 익히 알고 있는 양수만이 포함되어 있다. 어쨌거나 분명하고 확실하게 정의된 셈이다. 편법인 것 같지만 편법이 아니다. 우리는 음수를 그렇게 정의할 수 있다.

음수를 명확하게 정의했다. 이제는 연산으로 넘어가자. 음수에 대한 새로운 정의를 기반으로 해서 연산을 곰곰이, 그러나 전복적으로 다르게 시도해보자. 하나 기억해야 할 게 있다. 양수에서 적용되었던 규칙은 새롭게 정의된 연산에서도 동일하게 적용되어야 한다.

⊶ 음수의 덧셈과 뺄셈

$6+(-2)$, $(-6)+(-2)$부터 해보자. 음수를 음수의 정의대로 바꿔 계산하면 술술 풀린다. $(-2)=0-(+2)$이다.

$6+(-2)$	$(-6)+(-2)$
$=(+6)+0-(+2)$	$=0-(+6)+0-(+2)$
→ 6+0=6이므로	→ 순서를 바꾼다.
$=(+6)-(+2)$	$=0+0-(+6)-(+2)$
$=6-2$	$=0-\{(+6)+(+2)\}$
$=4$	$=0-(+8)$
	$=-8$

∴ (결과적으로) 음수의 덧셈은 양수의 뺄셈과 같다.

$6-(-2)$처럼 음수의 뺄셈은 어떻게 될까? $-(-2)$가 무엇이 되는 가를 알면 이 연산은 해결된다. 위 계산 결과에다 덧셈과 뺄셈의 관계를 적용하면 $-(-2)$의 결과는 명쾌해진다. $6+(-2)=4$로부터 이끌어낼 수 있다.

$$6+(-2)=4 \xrightarrow{\text{덧셈과 뺄셈의 관계}} 4-6=(-2),\ 4-(-2)=6$$

$4-(-2)=6$에서 우리는 $-(-2)$의 값이 뭐가 되어야 하는지 알 수 있다. 4라는 수가 6이 되려면 +2를 해줘야 한다. $4-(-2)=4+2$가 되

어야 한다. 즉, $-(-2)$는 $+2$와 같다.

∴ 음수의 뺄셈은 양수의 덧셈과 같다.

⊶ 음수의 곱셈과 나눗셈

이제 곱셈이다. $6 \times (-2)$. 음수의 정의를 이용하여 식을 바꿔 풀어보자.

$$6 \times (-2) = (+6) \times \{0 - (+2)\} \quad \longleftarrow \text{음수의 정의}$$

$$= 6 \times 0 - 6 \times (+2) \quad \longleftarrow \text{분배법칙}$$

$$= 0 - (+12) \quad \longleftarrow \text{양수의 뺄셈}$$

$$= -12 \quad \longleftarrow \text{음수의 정의}$$

∴ 양수와 음수의 곱셈은 음수가 된다.

$6 \times (-2) = (-12)$에 곱셈과 나눗셈의 관계를 이용하면 음수의 나눗셈 결과도 알 수 있다.

$$6 \times (-2) = (-12) \xrightarrow{\substack{\text{곱셈과 나눗셈의} \\ \text{관계}}} (-12) \div 6 = (-2),\ (-12) \div (-2) = 6$$

∴ 음수와 양수의 나눗셈은 음수, 음수와 음수의 나눗셈은 양수다.

음수가 포함된 곱셈과 나눗셈은 의외로 쉽게 결론 난다. 그런데 아직 음수와 음수의 곱셈이 남아 있다. 음수의 정의를 이용해 $(-6) \times (-2)$에 도전해보자.

$$(-6) \times (-2) = \{0 - (+6)\} \times \{0 - (+2)\}$$

$$\longrightarrow -(+6) = (-1) \times (+6),\ -(+2) = (-1) \times (+2) \text{와 같다.}$$

$$=0 \times 0 - 0 \times (+2) - (+6) \times 0 + \{(-1) \times (-1) \times (+6) \times (+2)\}$$

$$=0-0-0+\{(-1) \times (-1) \times (+6) \times (+2)\}$$

조금 복잡한 듯 보이지만, $(-6) \times (-2)$의 결과를 알아내려면 $(-1) \times (-1)$의 결과를 알아야만 한다. 음수와 음수의 곱셈을 알아야만, 음수와 음수의 곱셈을 알 수 있게 된다. 이 방식으로는 $(-6) \times (-2)$의 결과를 알아낼 수 없다. 하지만 떠올려볼 수 있는 다른 아이디어는 꽤 있다.

$(-12) \div (-2) = 6$은 우리가 이끌어낸 옳은 결론이다. 나눗셈이 역수의 곱셈과 같다는 걸 인정한다면 음수 간의 곱셈을 해결할 수 있다.

$$(-12) \div (-2) = (-12) \times -\frac{1}{2} = 6 \xrightarrow{\text{결과는 6이므로}} \text{음수와 음수의 곱셈은 양수가 된다.}$$

$8 \times 8 = 64$를 이용할 수 있다. 8을 $10-2$로 바꿔 전개해보면 음수의 곱셈이 나온다.

$$8 \times 8 = (10-2) \times (10-2)$$
$$= 10 \times 10 - 10 \times 2 - 2 \times 10 + (-2) \times (-2)$$
$$= 100 - 20 - 20 + (-2) \times (-2)$$
$$= 60 + (-2) \times (-2)$$

8×8은 64이고, $60 + (-2) \times (-2)$가 64가 되려면 $(-2) \times (-2) = +4$가 되어야 한다.

연산, 이제는 생각으로 한다

연산은 수들의 관계를 설정해주는 논리적인 규칙이다. 앞의 과정, 어디에도 초등수학의 방법은 보이지 않는다. 그저 규칙에 따라 전개해갈 뿐이다. 몇 가지의 규칙을 통해 그 결과를 논리적으로 유추했다. 아이디어를 통해 아이디어를 이끌어냈고, 이 아이디어와 저 아이디어가 충돌하지 않게 배치했다. 그게 연산이다. 생각 가능한 연산 말이다.

문자의 연산,
수랑 똑같아

무리수와 문자의 연산

무리수와 대수는 다른 수이지만, 연산이란 측면에서 보면 매우 비슷한 수다. ＋와 － 같은 부호는 음수의 연산에서 공부했던 규칙을 그대로 적용하면 된다. 연산에서는 단위가 중요하다고 했다. 특히 덧셈과 뺄셈은 단위가 같아야 연산이 가능하다. 무리수와 문자의 단위를 생각하면서 연산을 살펴보자.

대표적인 무리수, $\square^2=2$를 만족하는 $\square$라는 수를 보자. 이 무리수의 단위를 알아내야 한다. $\square$보다 작은 수 중에서 몇 개를 모아 $\square$가 될 수 있는 수가 있는가? 그 수가 단위인데, $\square$에는 그런 수가 없다. $\square$는 어떤 단위도 갖고 있지 않다. 만약 단위가 있다면 □는 분수로 표현 가능한 유리수가 된다. 무리수가 아니다.

무리수의 표현

□, ○는 수지만, 수처럼 보이지 않는다. 수로서 폼이 안 난다. 중학수학에 어울리도록 무리수 □, ○를 수가 포함된 기호로 바꿔보자.

먼저 $□^2 = 2$를 만족하는 무리수 □를 살펴보자. 이런 수를 제곱근이라고 한다. 제곱했을 때 2가 되게 하는 근 또는 해라는 뜻이다. 이런 무리수를 제곱근 무리수라고 한다. 이 무리수는 제곱근을 뜻하는 기호 루트 $\sqrt{}$ 로 표시된다. $\sqrt{2}$ 는 제곱해서 2가 되는 수, $\sqrt{5}$ 는 제곱해서 5가 되는 수를 말한다. 그런데 3제곱, 4제곱처럼 2 이상의 거듭제곱도 있다. 몇 제곱근인가까지 표시해줘야 한다. 몇 제곱근인가는 루트 앞에 작은 지수로 표현된다.

$$□^2 = 2 \rightarrow □ = \pm\sqrt{2}$$

: $\sqrt{2}$ 는 제곱해서 2가 되는 수라는 뜻 (제곱근일 경우 $\sqrt[2]{2} = \sqrt{2}$ 로 ^{2}를 생략)

$$○^3 = 7 \rightarrow ○ = \pm\sqrt[3]{7}$$

: $\sqrt[3]{7}$ 는 3제곱해서 7이 되는 수라는 뜻

무리수에는 제곱근이 아닌 무리수도 있다. 이런 무리수를 루트로 표시할 수는 없다. 그런 수는 그 수를 뜻하는 독립적인 기호로 나타낸다. 원주율이 그런 무리수인데 원주율을 π라고 한다. 자연상수라고 불리는

무리수도 e라고 한다.

어떤 무리수든, 무리수는 문자와 같다. $\sqrt{2}$ 는 제곱해서 2가 되는 어떤 수를 뜻하는 기호다. π는 원둘레를 원의 지름으로 나눈 값을 뜻하는 기호다. 무리수도 결국 문자다.

무리수의 연산

$\square^2=2$를 만족하는 무리수 $\sqrt{2}$ 와 $\bigcirc^2=5$를 만족하는 무리수 $\sqrt{5}$ 의 덧셈, 뺄셈을 생각해보자.

$\sqrt{5}+\sqrt{2}$. 단위가 같은가? 단위 자체를 모르는데, 같은지 다른지를 알게 뭔가! 결과적으로 두 수의 단위는 다르다. 그럼 분수처럼 단위를 똑같이 맞출 수 있을까? 그것도 안 된다. 분수의 단위를 맞출 수 있었던 건, 각 분수의 단위를 알고 있기 때문이었다. 그런데 무리수는 그 수도, 그 수의 단위도 모른다. 고로 단위를 맞출 방도가 없다. 그러니 다른 무리수 간의 덧셈과 뺄셈은 안 된다.

$$\sqrt{5}+\sqrt{2}, \sqrt{5}-\sqrt{2}$$
: 서로 다른 무리수는 더하고 뺄 수 없다.

두 무리수의 곱셈과 나눗셈도 할 수 없을까? $\sqrt{5}\times\sqrt{2}$, $\sqrt{5}\div\sqrt{2}$. 얼핏 보아서는 할 수 없을 듯하다. 각 수를 모르는데, 두 수의 곱을 어찌 알아낸단 말인가! 그런데 수학자들은 독특한 아이디어를 통해서 두 수의 곱셈을 해결했다. 그 어떤 수의 연산에서도 시도되지 않았던 아이디어가 등장했다.

(−2)×(−3)의 곱셈을 기억할 것이다. 음수의 정의와 연산의 성질을 이용해 그 결과를 이끌어냈다. 조금 복잡하긴 했지만 결국 답은 나왔다. 음수까지의 연산은 모두 이런 식이었다. 아이디어를 수정하고 보완해서 답이 어떻게 되는지를 알아냈다. 그런데 무리수에서 이 방법은 통하지 않는다. 무리수를 정확히 모르기 때문이다. 그래서 그 결과를 안다고 생각하고 식을 만들어서, 그 식을 조작해 답을 이끌어낸다. 새로운 아이디어다.

$\sqrt{5} \times \sqrt{2} = \square$ 라고 하자. 아직 $\square$의 값을 모른다. 그래도 일단 식을 그렇게 세운다. 그런 다음 양변을 제곱한다.

$\sqrt{5} \times \sqrt{2} = \square$ (양변을 제곱한다.)

$(\sqrt{5} \times \sqrt{2}) \times (\sqrt{5} \times \sqrt{2}) = \square \times \square$ (괄호를 풀고 정리한다.)

$\sqrt{5} \times \sqrt{5} \times \sqrt{2} \times \sqrt{2} = \square^2$ (왼쪽 식을 계산한다.)

$5 \times 2 = \square^2$

$10 = \square^2$

$\square = \sqrt{10} = \sqrt{5 \times 2}$ $\sqrt{a} \times \sqrt{b} = \sqrt{ab}, \ \sqrt{a} \div \sqrt{b} = \sqrt{\dfrac{b}{a}}$

(실상 $\square = \pm\sqrt{10}$ 이지만, $\sqrt{5} \times \sqrt{2}$ 는 양수이므로 $\square = \sqrt{10}$ 이다.)

위 무리수의 연산은 제곱근 무리수의 경우다. 덧셈과 뺄셈은 할 수 없었고, 곱셈과 나눗셈은 가능했다. 제곱근 무리수가 아닌 무리수의 연산은 어떻게 될까? 그런 무리수인 원주율 π와 자연상수 e의 연산 말이다.

$$\pi + e, \ \pi - e, \ \pi \times e, \ \pi \div e$$

제곱근 무리수가 아닌 무리수는 문자로 표시된다. 0부터 9까지의 숫자가 아예 포함되지 않는다. 이런 무리수는 문자로 표시되는 수인 대수와 같다. 미지수이거나 변수일 때의 문자와는 다른 용법이다. 정확한 값을 몰라서 문자로 표시한다.

π나 e 같은 무리수의 연산은 문자의 연산과 같다. 문자의 연산으로 넘어가보자.

문자의 연산, 단위를 살펴라

문자의 연산에서도 핵심은 단위다. 단위가 어떻게 되는지만 알면 된다. a, b라는 문자가 있다. 두 수의 단위는 뭘까? 우리는 이미 문자가 어떤 수인지 모르는 수임을 안다. 구체적인 수로 특정할 수 없다. 고로 그 수가 무엇인지, 그 수의 단위가 무엇인지를 모른다.

$a+b$, $a-b$, $a\times b$, $a\div b$. 서로 다른 대수 a와 b의 연산이다. 단위를 모르는 두 수의 연산이므로, 두 수의 연산은 가능하지 않다. 그대로 두어야 한다. 더 복잡한 문자의 연산은 말할 것도 없다. $ax+by$, ax^2+cz, $c(a+b)-ax(b-e)$도 그대로 두면 된다.

$a+b$, $a-b$, $a\times b$, $a\div b$: 서로 다른 두 문자의 연산은 안 된다.

$a\times b$를 ab로, $a\div b$를 $\dfrac{a}{b}$ 로 쓰는 건 엄밀히 말해 연산한 게 아니다. 연산 기호를 생략하여 간단하게 쓴 것이다. 착각하지 말기를!

문자가 같으면 연산 가능하다

문자끼리 연산 가능한 경우가 딱 하나 있다. 같은 문자끼리의 연산만 가능하다. $2a$와 $3a$라는 두 문자가 있다. $2a$는 $a \times 2$에서 곱셈기호를 생략하고 2라는 숫자를 앞에 쓴 표현이다. $3a$는 $a \times 3$에서 곱셈기호를 생략하고 3을 앞에 썼다.

$2a$와 $3a$의 단위를 생각해보자. 우리는 a의 단위를 모른다. 그저 어떤 수 a일 뿐이다. 고로 $2a$와 $3a$도 어떤 단위를 갖고 있는지 모른다. 그러니 두 수의 연산은 불가능할 것 같다. 그런데 다른 관점에서 생각해본다면 단위를 찾을 수 있다. 우리는 a가 어떤 단위를 갖는 수인지는 모른다. 하지만 a라는 수 자체를 하나의 단위로 생각할 수 있다. 어떤 수인지 모르지만, 그 어떤 수 자체를 단위로 삼는 것이다. 그러면 $2a$와 $3a$는 a라는 공통의 단위로 이뤄진 수다. a가 2개인 수와 3개인 수다. 그러면 연산은 가능하다.

$3a + 2a$, $3a - 2a$, $3a \times 2a$, $3a \div 2a$. a라는 단위를 고려하여, 천천히 생각하며, 정확하게 연산해보자.

$$3a + 2a = 3 \times a + 2 \times a = 5a$$

$$3a - 2a = 3 \times a - 2 \times a = 1a = a \text{ (문자 앞의 1은 생략한다.)}$$

$$3a \times 2a = (3 \times a) \times (2 \times a) = 3 \times 2 \times a \times a = 6a^2$$

$$3a \div 2a = (3 \times a) \div (2 \times a) = \frac{(3 \times a)}{(2 \times a)} = \frac{3}{2}$$

문자가 같아도 차수가 다르면?

x와 x^2처럼 문자는 같지만 차수가 다른 경우의 연산도 생각해보자. 두 수 사이에 공통의 단위를 찾을 수 있을까? 문자가 같으니 단위도 같다고 볼 수 있을까? 문자로 쓰여 있어서 헷갈릴 테니, 구체적인 수를 예로 들어서 생각해보자.

$\sqrt{2}$와 2의 단위를 보자. 둘 사이에는 $(\sqrt{2})^2 = 2$라는 관계가 있다. x와 x^2의 관계와 같다. $\sqrt{2}$는 제곱근 무리수로서 단위를 모른다. 그러나 2는 1이라는 단위를 갖는 정수다. 두 수 사이의 단위는 같지 않다. 맞출 수도 없다. 고로 덧셈과 뺄셈을 못 한다. 그러나 곱셈과 나눗셈은 다르다. 같은 수를 반복해서 곱하고 나누는 것이므로 연산 가능하다. 차수가 달라도 문자만 같으면 연산할 수 있다.

$x^2 + x,\ x^2 - x$: 연산 가능하지 않다.

$x^2 \times x = (x \times x) \times x = x^3$: 연산 가능하다.

$x^2 \div x = (x \times x) \div x = x$: 연산 가능하다.

문자의 연산에서는 같은 문자끼리만 더하고 뺄 수 있다. 차수까지 같아야 한다. 차수만 달라도 덧셈과 뺄셈을 할 수 없다. 문자와 문자의 거듭제곱이 같은지 다른지의 여부가 핵심이다. 그래서 문자와 문자의 차수까지 같은 문자식을 동류항(同類項)이라는 이름으로 따로 구분한다.

항이란 어떤 식을 구성하는 기본요소다. 구분 가능한 최소한의 식이다. 하나의 항은 xyz처럼 곱하기와 나누기로만 연결되어 있다. $x + y$처럼 더하기와 빼기로 연결된 식은 하나의 항이 아니다. 동류항이란 같은 부류의 항(similar terms)이다. 동류항끼리만 덧셈과 뺄셈이 가능하다. 문자의 경우는 문자와 차수까지 같아야만 그 합과 차를 구할 수 있다. 동류항인지 아닌지를 살피면 된다.

$(2x^2+3x-5)+(x^2-4x+7)$ $\longrightarrow$ 다항식A+다항식B

$=2x^2+3x-5+x^2-4x+7$ $\longrightarrow$ 세 개의 단항식+세 개의 단항식

$=2x^2+x^2+3x-4x-5+7$ $\longrightarrow$ 6개의 단항식

$=(2x^2+x^2)+(3x-4x)-5+7$ $\longrightarrow$ 동류항+동류항+동류항

$=3x^2-x+2$ $\longrightarrow$ 다항식C

도형,
모양에서
기하학으로

도형은 초등수학과 중학수학에서 같은 듯 매우 다르다. 새로운 내용도 있지만, 비슷한 것도 꽤 있다. 하지만 다루는 방식은 다르다. 이 변화를 보여주는 키워드가 있다. 초등수학에서는 이 분야를 도형이라고 하지만, 중학수학 이후에는 기하학이라고 부른다.

도형과 기하학은 어떤 차이가 있는가? 이 질문에 답할 수 있다면, 초등수학과 중학수학의 차이를 이해한 것이다.

사물의 모양으로부터 도형이 등장

초등수학의 도형은 우리 주변에서 볼 수 있는 사물의 모양, 도형, 도형의 성질이 전부다. 모양은 어떤 사물의 겉모습이다. 도형은 그런 모양으로부터 얻어낸 수학적인 대상이다. 도형의 성질이란 그런 도형이 간직하고 있는 이러저러한 성질이다. 동그란 모양의 사과와 동전을 통해, 원이라는 도형을 얻는다. 그런 다음, 원의 지름이나 넓이, 원주율처럼 원만이 갖고 있는 성질을 탐구한다. 초등수학의 도형은 이런 패턴으로 전개된다.

교실이나 주위에서 ⬡, ⬭, ◯ 모양의 물건을 찾아 써 보세요.

⬡ _____

⬭ _____

◯ _____

⬡, ⬭, ◯ 모양의 이름을 지어 보세요. 친구들이 지은 이름과 비교해 보세요.

초등 1-1 여러 가지 모양

1학년 1학기 도형을 배우는 첫 시간에는 여러 가지 물건을 펼쳐놓고, 비슷한 모양을 찾아보게 한다. 그 모양에 맞는 이름도 정해보도록 한다. 이 과정을 거친 다음에 원, 삼각형, 사각형과 같은 기본도형을 다음과 같이 소개한다.

그림과 같은 모양의 도형을 원이라고 합니다.

그림과 같은 모양의 도형을 삼각형이라고 합니다.

그림과 같은 모양의 도형을 사각형이라고 합니다.

초등 2-1 여러 가지 도형

도형은 일상의 사물을 통해서 소개된다. 수학의 역사에서 도형이 등장하게 된 과정을 재현한다. 시계, 트라이앵글, 창문 같은 다양한 예를 보여주면서 원, 삼각형, 사각형을 툭 하고 제시한다. 구체적인 모양을 보여주면서 '이게 그거야'라고 설명한다. 나중에 가서야 선분으로만 둘러싸인 도형이 다각형이라고 말한다. 변의 개수가 3개이면 삼각형, 4개이면 사각형이다.

폴 세잔, 〈사과와 오렌지〉, 1900

세잔은 사과를 많이 그렸다.

이리 보고, 저리 보고, 돌려 보면서 사과의 형태를 탐구했다.

그는 사물의 근본구조를 담으려 했다.

그 결과 모든 사물의 모양을 구, 원뿔, 원통 같은 도형으로 파악했다.

사과를 보라!

둥그런 정도를 넘어 원이다.

도형은 모양으로부터 출현했다.

보여주는 것만으로 설명하기 어려운 도형도 있다. 그런 도형의 경우는 그림과 함께 말로 그 도형만의 특징을 제시한다.

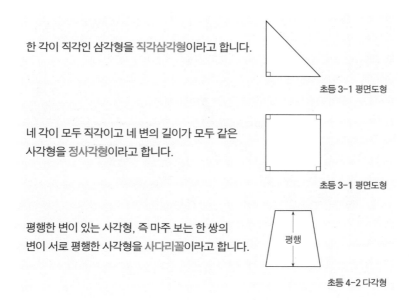

한 각이 직각인 삼각형을 직각삼각형이라고 합니다.

초등 3-1 평면도형

네 각이 모두 직각이고 네 변의 길이가 모두 같은 사각형을 정사각형이라고 합니다.

초등 3-1 평면도형

평행한 변이 있는 사각형, 즉 마주 보는 한 쌍의 변이 서로 평행한 사각형을 사다리꼴이라고 합니다.

평행

초등 4-2 다각형

수가 사물의 크기였듯이, 도형은 사물의 모양이었다. 도형은 모양과 다르다. 둥그런 모양과 원은 다르다. 도형이란 사물의 모양을 완벽하게 다듬어놓은 이상형이다. 초등수학의 평면도형은 자와 컴퍼스를 통해 그릴 수 있는 직선과 원으로 이뤄졌다.

사물의 성질로부터 도형의 성질을

초등수학의 도형이 사물의 모양으로부터 비롯되었기에 도형의 성질에 대한 탐구도 사물을 통해서 이뤄진다. 도형을 그려서 만들고, 직접 재고 실험하여 그 결과를 얻는다. 사물의 크기를 더하고 빼서 계산하는 초등수학의 연산과 같은 방식이다.

평행선에 대한 설명을 보자. 초등수학에서 평행선은 직각삼각자 2개를 이용해서 긋는다. 아래처럼 한 직각삼각자를 고정하고 다른 직각삼각자를 움직여 선을 그으면 두 선은 평행해 보인다. 평행선이다.

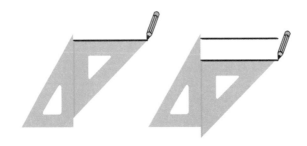

초등 4-2 수직과 평행

평행선에는 어떤 성질이 있을까? 한옥의 문살을 예로 들면서 그 성질을 알아본다. 한옥의 문살을 보면 서로 만나지 않는 직선이 있다. 그 선들이 평행하기 때문이다. 평행한 선들은 만나지 않는다. 만나지 않는 두 직선이 평행선이다.

＃ 다음 사진에서 서로 만나지 않는 직선을 찾아 보세요.

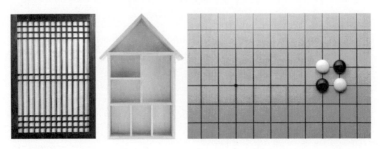

한 직선에 수직인 두 직선을 그었을 때, 그 두 직선은 서로 만나지 않습니다.
이와 같이 서로 만나지 않는 두 직선을 평행하다고 합니다.
이때 평행한 두 직선을 평행선이라고 합니다.

초등 4-2 수직과 평행

두 평행선 사이의 거리를 찾을 때도 직접 해본다. 평행선에 이리저리 선분을 여러 개 긋고, 각 선분의 길이를 재어본다. 그중 가장 짧은 선분을 찾아, 그 선분을 어떻게 그릴 수 있는지 찾으라고 한다.

＃ 평행선 사이에 여러 개의 선분을 긋고 길이를 비교해 보세요.

_____

_____

• 평행선 사이에 선분을 여러 개 긋고, 그 선분들의 길이를 각각 재어 보세요.

• 길이가 가장 짧은 선분을 찾아 본 후, 그런 선분을 그으려면 어떻게 해야 하는지 말해 보세요.

초등 4-2 수직과 평행

직접 확인해보는 방식은 초등수학에서 일반적이다. 삼각형 내각의 합도 직접 합쳐본다. 원주율과 같이 중요하고 어려운 문제를 다룰 때도 방법은 똑같다. 그래서인지 원주율이나 도형의 넓이, 부피 구하는 문제는 도형이 아닌 측정 영역에 속해 있다.

원주율은 원의 둘레가 원의 지름의 몇 배인가를 말한다. 초등수학에서는 측정을 통해서 원주율을 구해본다. 주위의 둥근 물건을 가져다놓고, 원의 둘레와 지름을 구한 후 둘레를 지름으로 나눠 그 값을 구해보게 한다. 이 작업을 수월하게 하라고 표까지 교과서에 실어놓았다.

주위에서 동그란 물건을 골라 원주와 지름을 재어 보세요.
　그런 다음 (원주)÷(지름)을 계산하세요.

물건의 이름	원주(cm)	지름(cm)	(원주)÷(지름)

초등 6-1 원의 넓이

이런 활동 이후에 중요한 사실 하나를 알려준다. 원주율의 값은 일정하다! 친절하게 그 값을 제시해준다. 3.1415926535… 그러나 문제를 풀 때는 근삿값 3.14를 주로 사용한다.

넓이를 구할 때도 모눈종이에 삼각형을 그리고, 삼각형의 일부를 직접 옮겨서 직사각형을 만들어보라고 한다.

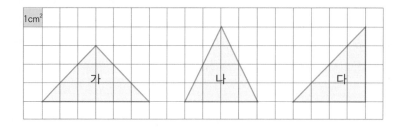

• 각 삼각형 안에 있는 1cm²의 단위넓이를 모두 찾아 색칠하세요.

• 색칠하지 않은 부분을 적절하게 옮겨 붙이면, 각 삼각형의 넓이는 1cm²의 단위 넓이 몇 개의 넓이와 같은가요?

가: _____ 개   나: _____ 개   다: _____ 개

초등 5-1 다각형의 넓이

초등수학의 도형에서 넓이와 부피는 매우 큰 비중을 차지한다. (실은 측정 영역으로 분류되어 있다.) 직사각형과 정사각형을 통해 넓이가 무엇이고, 넓이를 어떻게 계산하는지를 먼저 배운다. 도형 안에 단위 정사각형이 몇 개나 들어가는지로 넓이를 파악한다. 이후 여러 다각형의 넓이 문제를 다룬다.

＃ 평행사변형의 넓이 구하는 방법을 구해 보세요.

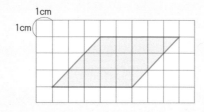

• 넓이를 구할 수 있도록 주어진 평행사변형을 다른 도형으로 만들어 보세요.

• 만든 도형의 넓이 구하는 식을 쓰고, 넓이를 구해 보세요.

• 평행사변형의 넓이 구하는 방법에 대해 이야기해 보세요.

초등 5-1 다각형의 넓이

※ 모눈종이 위에 지름이 20cm인 원을 그린 다음, 그 원의 넓이를 알아보세요.

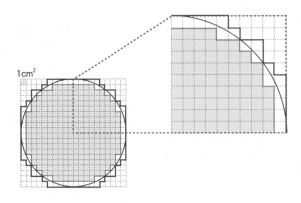

1cm²

- 원의 넓이를 어림해 보세요. 원 안에 분홍색으로 색칠된 모눈의 수와, 원 밖의 파란색 선 안쪽의 모눈의 수를 세어 보세요.

$$\boxed{} \text{cm}^2 \langle \text{원의 넓이} \langle \boxed{} \text{cm}^2$$

- 원의 넓이를 얼마라고 어림할 수 있을까요?

초등 6-1 원의 넓이

넓이 문제의 완결판은 원이다. 가장 어려운 도형이다. 직사각형이 아닌 도형의 넓이 문제는 곧 직사각형으로 바꾸는 문제다. 초등수학에서는 각 도형을 모눈종이에 그려 넓이의 개념과 넓이 구하는 방법을 몸으로 익히도록 한다.

초등수학의 도형은 사물로부터 시작했고, 사물과 더불어 진행된다. 사물을 통해서 정의되고, 소개된다. 사물을 예로 들면서 각 도형의 성질과 도형 간의 관계도 밝혀진다. 학생들은 도형을 직접 그리고, 그 도형을 측정하고 성질을 확인하면서 공부한다. 경험을 통해 보고 만지면서 익혀간다.

기하학, 경험적 방법을 버리다

도형은 중학수학에서 기하학(geometry, 幾何學)이란 명칭으로 바뀐다. 별로 차이도 없는데, 그럴싸해 보이라고 이름만 바꾼 게 아니다. 그럴 만한 이유가 있다.

가장 큰 변화는 경험적인 방법을 사용하지 않는다는 점이다. 교과서에서 경험적인 방법이 조금 보이기는 하지만, 그건 중학교라는 특성을 감안한 배려. 중학수학의 기하학은 경험의 한계를 인정하고, 그 한계를 넘는 방식으로 나아간다.

경험의 한계라고? 그렇다. 중학수학은 경험으로는 완전한 지식을 얻을 수 없다는 것을 전제로 한다. 사실 초등수학의 방법에는 빈틈이 많았다. 맞는 것 같지만, 정말 그런가 싶은 구석이 군데군데 있었다. 이 점을 알아챈 학생도 있을 것이다. 이 점을 깨닫고, 인정하는 게 중학수학의 첫걸음이다.

원주율의 값을 어떻게 알아냈는가? 동그란 물건을 가져다 둘레와 지름을 측정했다. 그런 다음 원의 둘레를 원의 지름으로 나눈 값을 얻었다. 그런데 이런 방법으로 원주율의 정확한 값을 알 수 있을까? 측정을 정확하게 하면 할수록 원주율의 값이 3.14에 가깝게 나오는 건 확실하다. 그러나 아무리 정밀하게 측정한다고 해도 그 값이 일치하지 않는다. 3.13이 나올 수도 있고, 3.15가 나올 수도 있다. 그럼 어느 값이 진짜 원주율의 값일까? 그 값이 참 값이란 걸 어떻게 알 수 있을까?

측정에는 반드시 오차가 따른다. 사람마다 측정값이 다르다. 같은 사람도 할 때마다 측정값이 달라진다. 그 값들이 비슷비슷하다고 해도 다르다. 그중 어느 게 원주율의 정확한 값인지는 모른다. 측정만으로는 문제에 대한 답을 정확하게 알 수 없다. 그러면 교과서에서 제시한 원주율 3.1415926525…는 어떻게 나온 것일까? 이런 의문을 품어야 한다.

평행선에서 예로 든 한옥의 문살도 마찬가지다. 그 문살이 평행해 보이기는 하지만 평행인지 아닌지 우리는 확신할 수 없다. 그렇게 보이는 것과 정말 그런 것은 다르다. 문살의 평행선이 만나지 않는다고 말하는 건 비약이다. 정말 만날지, 안 만날지는 계속 선을 그어봐야만 한다. 만약 문살이 만난다고 하면, 평행선은 만난다고 할 텐가? 그렇다면 문살을 예로 들지도 않았을 것이다.

삼각형 내각의 합을 구하는 것도 마찬가지다. 세 각을 더해보자. 거의 180도처럼 보이지만 완벽하게 그렇지는 않다. 때로는 눈에 띄게 180도가 안 되는 경우도 있다. 평행선의 거리도 그렇다. 두 평행선을 연결한 선분 중 가장 짧은 선이 어떤 선인지 어떻게 안단 말인가! 엄밀하게 이야기한다면 모든 선을 그어보고, 그 선의 길이를 다 측정해서 비교해봐야 한다. 그런데 두 평행선 사이에 그을 수 있는 선분은 무한히 많다. 아무리 무한한 시간이 있어도 그 모든 선을 그어 비교해볼 수는 없다.

경험적인 측정으로 정확한 답을 알 수는 없다. 값을 대강 가늠해볼 수 있으나, 정확한 값을 알아내지는 못한다. 초등수학에서는 이 점을 무시한 것처럼 보인다. 몰랐던 게 아니라 초등학교 수준을 감안하여 그냥 넘어간 것이다. 설명만 보면 진짜 경험적으로 측정해 답이 나온 것 같다. 하지만 답은 다른 방법으로 구했다. 그 답을 경험적인 방식으로 설명했을 뿐이다.

경험만으로 판단한다면, 우리의 지식은 경험에 따라 달라진다. 본 대로 생각하기 마련인데, 사람마다 보는 게 다르니 어쩔 도리가 없다. 지구는 둥글지만 우리는 땅이 평평한 것처럼 느끼지 않는가! 경험만으로 온전한 지식을 얻을 수 없다. 경험을 활용하되, 경험을 넘어설 수 있어야 한다.

중학수학부터는 경험의 한계를 인정한다. 그리고 그 한계를 넘어서는 방법으로 방향을 바꾼다. 그러나 학생들은 이 변화를 잘 모른다. '경험에는 한계가 있으니 더 이상 그러지 말자'고 드러내놓고 이야기하지 않기 때문이다. 이제 알았으니 뒤돌아보지 말고 다른 방법을 찾아보자.

경험을 넘어선 방법, 이론과 증명

경험의 한계를 넘어서는 방법, 그것을 중학수학부터는 보여준다. 이는 생각으로 문제를 푸는 것이다. 이론적으로, 논리적으로 사고하는 방법이다. 기하학은 이제 도형으로 보이는 사물에 대한 공부가 아니다. 사물을 통해서 갖게 된 아이디어 자체를 엄밀하게 생각하고 탐구해본다.

삼각형의 내각의 합을 구하는 문제를 보자. 그냥 각을 갖다 붙여 답을 구하고 싶겠지만 그 방법은 뒤로 밀쳐두자. 다른 방법을 떠올려야 한다. 어떤 방법이 있을까? 이 방법을 생각해내는 건 쉽지 않다. 역사적으로도 그랬다. 경험적인 방법의 한계를 인정하고 다른 방법을 찾아본 곳은 딱 한 군데였다. 고대 그리스인들만이 그 대안을 제시했다. 그들은 삼각형 내각의 합을 이렇게 구했다.

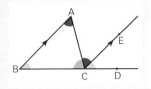

삼각형 ABC의 내각의 크기의 합이 $180°$라는 걸 확인해보자. 평행선에서의 동위각, 엇각의 성질을 이용한다.

그림과 같이 변 BC의 연장선을 긋고, 그 위에 점 D를 잡는다. 그리고 점 C를 지나며 변 BA에 평행한 반직선을 긋고 그 위에 점 E를 잡는다.

그러면
∠A=∠ACE (평행선의 엇각이다)
∠B=∠ECD (평행선의 동위각이다)
이제 세 내각의 크기의 합(∠A+∠B+∠C)은
∠A+∠B+∠C=∠ACE+∠ECD+∠ACB=$180°$이다.
즉, 삼각형의 세 내각의 크기의 합은 $180°$이다.

중1 평면도형

△ABC에는 세 개의 내각이 있다. ∠A, ∠B, ∠C. 세 각은 따로따로 존재한다. 이 세 각의 합을 구하려면 세 각을 한 점에 모아봐야 한다. 그러지 않고서는 답을 알 수 없다. 그래서 각을 모은다. 어디서? 실제로가 아니라 생각 속에서다! 그렇게 하기 위해서 아이디어 하나를 떠올렸다. 평행선을 그어, 떨어져 있는 두 각과 크기가 같은 각을 만드는 것이다. 평행선에서 동위각과 엇각의 크기가 같다는 아이디어를 활용한다. 그러면 앞의 그림처럼 ∠A, ∠B와 크기가 같은 각을 점 C에 모을 수 있다. 직접 잘라 옮겨서 확인하지 않더라도, 세 각의 합은 180도가 된다. 생각의 힘이다.

삼각형 내각의 합은 180도다. 이런 사실을 정리라고 한다. 옳은 것으로 판명된 사실이다. 정리가 된 아이디어는 언제 어디서든 옳다. 시간과

장소, 사람에 상관없이 옳다. 이 정리로부터 다른 정리가 또 만들어진다. n각형의 내각의 합은 $(n-2)\times180$도이다. n각형을 삼각형으로 나누면 $(n-2)$개의 삼각형이 나오니, n각형의 내각의 합은 $(n-2)\times180$도가 된다. 이 사실 역시 정리가 된다. 이 정리는 또 도형의 외각의 합을 구하는 데도 사용된다.

한 아이디어는 다른 아이디어로 이어진다. 정리로 판명된 아이디어를 징검다리 삼아 새로운 아이디어가 등장한다. 그 아이디어도 참으로 판명되면 또 다른 정리로 등극한다. 그렇게 아이디어는 태어나서 연결되고 확장된다. 하나의 세계를 이뤄간다.

기하학은 그저 생각 또는 아이디어의 세계다. 여기에 사물의 흔적은 없다. 아이디어는 아이디어를 통해 검증된다. 사물을 통해서 옳다는 것을 보일 게 아니라, 생각 또는 이론으로 한 치의 오류도 없다는 것을 보여야 한다. 이 검증 과정에서 중요한 게 논리적 추론이다. 완벽하게 논리적으로 전개된 것인지를 보여주는 게 증명이다.

증명은 기하학에서 아이디어의 참, 거짓을 판별하는 방법이다. 삼각형의 내각의 합을 평행선의 성질을 이용한 것도 증명이다. 모든 아이디어는 증명의 터널을 통과해야 한다. 증명의 과정이 없는 아이디어는 추측 수준의 아이디어다. 증명이 제시돼야 정리가 된다.

기하학을 공부하려면 증명의 정신과 태도, 방법을 몸에 익혀야 한다. 증명의 기본 태도는 꼬치꼬치 따져보는 것이다. 정말 그런지 머리로 확인해야 한다. 논리적으로 추론해야 한다. 아무리 그럴 듯해 보여도, 증명이 제시되기 전에는 답이 아니다. 생각으로 치밀하게 따져보는 태도

없이 기하학을 공부하려면 고역이다. 사사건건 따지고, 이유를 대야 하는 과정을 거쳐야 하기 때문이다.

논리와 증명으로 다시 공부하는 기하학

초등수학의 도형은 이제 논리적으로 추론하고, 증명하는 기하학으로 바뀐다. 고로 초등수학에서 사용했던 방법은 전혀 쓸모가 없다. 결론은 같더라도 그 과정은 달라져야 한다. 기하학을 하려면 처음부터 다시 시작해야 한다. 그래서 초등학교 때 이미 배웠던 내용도 다시 공부하게 된다.

이등변삼각형의 두 밑각이 같다는 정리가 있다. 초등수학에서는 이등변삼각형을 직접 그리고, 오리고, 접어서 각을 비교해본다. 중학수학에서는 각과 변에 대한 이야기를 하면서 증명한다.

＃ 이등변삼각형을 만든 후 어떤 성질이 있는지 찾아 보세요.

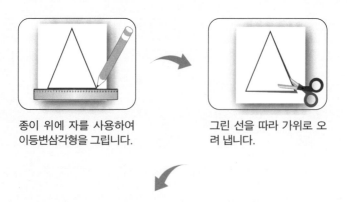

종이 위에 자를 사용하여
이등변삼각형을 그립니다.

그린 선을 따라 가위로 오
려 냅니다.

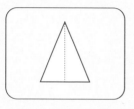

이등변삼각형을 완성합니다.

이등변삼각형에서 길이가 같은 두 변이 만나도록 접습니다.

초등 4-1 각도와 삼각형

이등변삼각형의 두 밑각이 어떤 관계에 있는지 살펴보자.
△ABC는 $\overline{AB}=\overline{AC}$인 이등변삼각형이다. ∠A를 이등분하는 선을 긋고, 이 선이 밑변 BC와 만나는 점을 D라고 하자.

△ABD와 △ACD에서
  $\overline{AB}=\overline{AC}$
∠BAD=∠CAD
  $\overline{AD}$는 공통
대응하는 두 변의 길이와 끼인각의 크기가 서로 같으므로 △ABD와 △ACD는 합동이다.(SAS 합동)
△ABD≡△ACD
그런데 ∠B와 ∠C는 합동인 두 삼각형의 대응각이므로 크기가 같다.
∠B=∠C
즉, 이등변삼각형의 두 밑각의 크기는 같다.

중2 삼각형과 사각형의 성질

다음은 마름모의 대각선이 수직으로 만난다는 내용이다. 초등수학에서는 제시된 사각형에 대각선을 직접 그어서 확인한다. 중학수학에서는 역시나 변과 각을 들먹이며, 뭐라 뭐라 하면서 증명한다. 이게 도형과 기하학의 차이다. 초등수학과 중학수학의 차이다.

‡ 사각형의 두 대각선이 어떤 성질이 있는지 알아보세요.

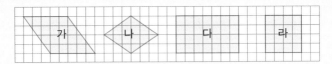

• 사각형 가, 나, 다, 라에 대각선을 모두 그어 보세요.

• 사각형의 대각선을 보고 아래 표를 완성해 보세요.

사각형	이름	두 대각선의 길이가 같습니까?	두 대각선이 서로 수직으로 만납니까?	그 밖에 더 찾은 내용
가	평행사변형			
나	마름모			
다				
라				

초등 4-2 다각형

마름모 ABCD에서 두 대각선 AC, BD의 관계를 살펴보자. 마름모는 평행사변형이므로, 한 대각선은 다른 대각선을 이등분한다.
그림과 같이 마름모의 대각선을 긋고, 두 대각선이 만나는 점을 O라고 하자.

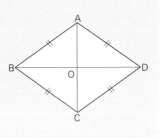

△AOB와 △AOD에서
$\overline{AB}=\overline{AD}$ (마름모의 정의)
$\overline{OB}=\overline{OD}$ (평행사변형의 성질)
$\overline{AO}$는 공통
대응하는 세 변의 길이가 같으므로, △AOB와 △AOD는 합동이다.(SSS 합동)
고로 ∠AOB=∠AOD이다.
그런데 ∠AOB+∠AOD=180°이므로
　　　∠AOB=∠AOD=90°
따라서 $\overline{AC}\perp\overline{BD}$이다.
즉, 마름모의 두 대각선은 수직이다.

중2 삼각형과 사각형의 성질

증명, 참 힘들다. 증명의 구체적인 과정도 어렵지만, 증명을 통해 문제를 풀어나가야 한다는 생각 자체가 힘들다. 그 과정 자체가 독특한 태도다. 몸으로 해보면 되는 것을, 굳이 이리 어렵게 할 필요가 있냐는 불만이 터져 나올 수밖에 없다. 수많은 수학이 있었지만, 증명의 태도로 수학을 했던 곳은 딱 한 곳이었다. 고대 그리스. 그들의 기하학이 지금의 중학수학이다. 피할 수 없다. 어쩌랴!

힘든 증명, 적절한 타협

힘든 증명, 중학수학 과정에서 빼네 마네 한다. 중학생에게 증명이 너무 어렵기 때문이다. 중학생이라는 단계와 맞지 않아서인지, 사전에 충분히 준비가 되지 않아서인지는 몰라도 결과적으로 그렇다. 그래서 적절한 타협점을 찾기도 한다.

첫 번째 타협점은 증명하지 않고 결과만 알려주는 것이다. 그런데 이 방법을 오해하면 안 된다. 학생들이 증명 자체를 어려워해서 빼준 게 아니다. 증명을 소개하고 싶지만, 증명의 수준이 너무 높아 차마 소개를 못 하는 것이다. 원주율이 그 예다. 책에 따라 아르키메데스의 방법처럼 원주율을 구하는 일부 방법이 소개될 뿐이다.

원주율은 초등수학에도 중학수학에도 등장한다. 중학수학도 초등수학처럼 원주율의 값은 일정하다고, 그 값은 3.1415926535⋯ 이렇게 무한히 이어지는 소수라고 말한다. 그런데 그 값이 어떻게 나오게 되었는지를 설명하지 않는다. 원주율을 π라고 부른다는 점이 달라졌다.

원주율을 구하는 문제는 몇 천 년 전에 등장했다. 하지만 1700년대에 이르러서야 완벽한 증명이 제시됐다. 어렵기도 하고, 모든 걸 증명할 필요도 없기에 이 증명은 빠졌다. 툭 하고 결론만 제시됐다.

두 번째 타협책은 경험적인 방법을 함께 활용하는 것이다. 논리적 증명만으로는 감이 잘 안 오니, 경험을 통해 확인하는 방법도 함께 제시된다. 외각의 크기 합이 360도라는 정리를 보자. 이 정리는 중학교 1학년 과정에서 공부한다. 이때는 두 가지 방법이 소개된다. 직접 해보는 방법과 증명을 통한 방법이다. 경험적으로 해보고서 감을 잡은 후 논리적 증명으로 넘어간다. 중학수학에서는 이와 같이 두 가지의 방법이 같이 제시된 곳이 꽤 많다. 학생들을 배려한 조치다.

⁂ 오각형의 '외각의 크기의 합'이 얼마인지 알아보려 한다. 그림과 같이 외각을 잘라서 한 점에 모아보자. 그리고 오각형의 '외각의 크기의 합'이 얼마인지 말해보자.

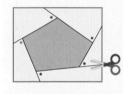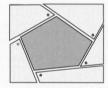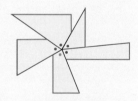

n각형의 한 내각에 대해, 내각의 크기와 외각의 크기의 합은 $180°$이다.
n각형에는 내각이 n개이므로,
모든 내각의 크기의 합＋모든 외각의 크기의 합＝$180°×n$
n각형의 모든 내각의 크기의 합은 $180°×(n-2)$이므로,
$180°×(n-2)$＋모든 외각의 크기의 합＝$180°×n$
$180°×n-180°×2$＋외각의 크기의 합＝$180°×n$
외각의 크기의 합＝$180°×2$
∴ n각형의 외각의 크기는 항상 $360°$로 일정하다.

내각+외각=180°

중1 평면도형

작도를 잘 활용하면 기하학이 더 쉬워진다

기하학을 경험적으로 접근해볼 수 있는 방법으로 소개되는 것이 있다. 작도다. 작도는 자와 컴퍼스를 이용해 점을 찍고, 선을 그어가면서 문제를 풀어간다. 길이와 각도를 옮기는 작도를 통해 도형을 그리고, 도형의 성질을 탐구한다. 피타고라스 정리와 같은 복잡한 정리도 작도로 접근할 수 있다. 하지만 교과서에서는 아주 특별한 경우에만 등장한다. 그렇지만 작도를 통해 도형에 관한 성질을 얼마든지 확인해볼 수 있다.

﹟ 네 변의 길이가 같은 마름모 ABCD를 아래와 같이 종이 위에 작도하여라. 마름모의 대각선을 그은 다음 잘라내어라.

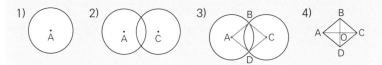

1) 점 A를 중심으로 하는 임의의 원 A를 작도한다.
2) 원 A와 크기가 같으면서, 원 A와 두 점에서 만나는 원 C를 작도한다.
3) 두 원의 중심과 두 원의 교점 B, D를 이어 마름모 ABCD를 작도한다.
4) 마름모 ABCD에 두 대각선을 그어 잘라낸다.
   탐구. 마름모 ABCD에서 $\overline{AO}$와 $\overline{CO}$의 길이를 다음과 같이 비교해보라.
   방법1. BD를 중심으로 접어 $\overline{AO}$와 $\overline{CO}$를 겹쳐본다.
   방법2. 컴퍼스를 이용하여 $\overline{AO}$와 $\overline{CO}$의 길이를 비교해본다.

중2 삼각형과 사각형의 성질

작도는 컴퍼스와 눈금 없는 자만을 사용하는 게 원칙이다. 평행선 작도법, 수직이등분선 작도법, 각의 이등분선 작도법과 같은 기본작도만

익히면 다양한 시도를 해볼 수 있다. 이론적인 증명을 거치지 않고도 답을 가늠해볼 수 있다.

평행사변형의 성질을 알아본다고 하자. 마주 보는 대변이 같은지 다른지, 각들의 크기관계는 어떻게 되는지, 대각선 사이에는 어떤 관계가 있는지를 알아내면 된다. 우선 기본작도법을 활용해 평행사변형 ABCD를 잘 작도한다. 다음은 자와 컴퍼스를 이용해 변, 각, 대각선의 크기관계를 직접 비교해보면 된다. $\overline{AD}$와 $\overline{BC}$, ∠A와 ∠C, $\overline{OA}$와 $\overline{OC}$의 길이를 비교한다. ∠A와

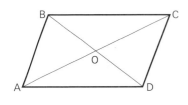

∠D의 합이 얼마나 되는지를 측정해본다. 그러면 평행사변형의 성질이 쉽게 확인된다. 이 점을 미리 알아두고서 증명을 구성해나가면 된다.

매우 효과적인 작도이지만, 실제 교과 과정에서는 이런 게 있다는 식으로 잠깐 소개되고 만다. 문제 풀이와 이론적인 학습이 중요시되고 있는 우리나라의 교육환경에 적합하지 않다. 시험을 보고, 평가하기에도 작도는 적절하지 않다. 하지만 작도와 기하학은 밀접하게 연결되어 있다. 기하학을 만들어낸 고대 그리스인에게 작도와 기하학은 다르지 않았다. 논리적 증명을 제시하면서 작도를 해나갔고, 작도를 통해서 논리적 증명의 출구를 찾아갔다. 중학수학의 기하학 대부분이 그런 과정의 결실이었다. 원에 관한 복잡한 정리나, 피타고라스의 정리도 작도를 기반으로 한 증명이었다. 고로 작도를 잘 활용한다면, 기하학을 쉽게 공부할 수 있다.

점, 선, 면도 생각 속의 대상일 뿐이다

기하학은 처음부터 끝까지 생각의 세계 속에서 전개된다. 심지어는 다루는 대상마저도 생각일 뿐이다. 점, 선, 면도 생각이다. 그로부터 증명되는 정리들도 모두 생각일 뿐이다. 삼각형, 사각형, 원을 그리면서 하니까 일상의 사물에 대한 공부인 것 같지만 그렇지 않다. 기하학을 이

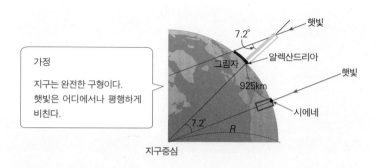

에라토스테네스는 부채꼴의 호의 길이와 원의 둘레가 중심각의 크기에 따라 비례한다는 사실을 이용해 지구의 둘레를 거의 정확하게 계산했다. 기원전 3세기의 일이었다.

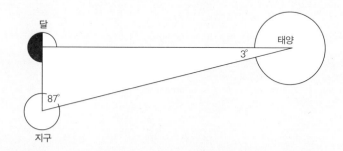

아리스타코스는 달을 중심으로 지구와 태양이 직각이 되는 때를 골랐다. 달-지구-태양이 이루는 각을 측정했더니 87도였다. 87도일 때 길이의 비를 이용해 지구-태양까지 거리가 지구-달까지 거리의 20배가 된다고 했다. 기원전 3세기.

용해서 지구의 둘레를 구한다거나, 지구에서 달까지의 거리와 지구에서 태양까지의 거리 비가 얼마나 되는지를 구하는 것을 보면 현실의 문제를 풀어가는 것 같지만 그렇지 않다. 기하학의 아이디어를 현실 문제 해결에 응용한 것뿐이다.

도형과 기하학의 공간은 다르다. 존재하는 공간이 아주 다르다. 같은 삼각형, 원을 그리며 이뤄지는 세계이기에 같거나 비슷한 것 같지만 완전히 다른 세계다.

기하학은 모든 것을 다시 시작한다. 새로운 다른 세계라는 것을 공식화하고, 이전에 사용되었던 것들을 다른 방식으로 다시 정의한다. 용어 하나하나를, 성질 하나하나를 다시 정의한다.

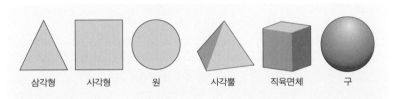

도형에는 종류가 많다. 그중에서 삼각형이나 원처럼 평면 위에 있는 도형을 평면도형이라고 한다. 직육면체나 구처럼 평면 위에 있지 않은 도형을 입체도형이라고 한다. 이 도형들은 모두 점, 선, 면으로 이뤄져 있다.
도형을 이루는 점, 선, 면을 도형의 기본요소라고 한다. 점이 움직인 자취는 선이 되고, 선이 움직인 자취는 면이 된다. 선은 무수히 많은 점으로 이뤄져 있다. 또한 면은 무수히 많은 선으로 이뤄져 있다.

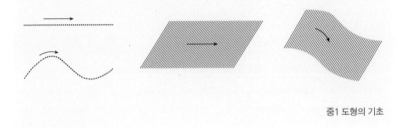

중1 도형의 기초

점, 선, 면이 무엇인지 밝히고 있다. 도형의 기본요소라고 한다. 모든 도형은 점, 선, 면으로 이뤄진다. 다각형과 원이 뭔지도 다시 설명한다. 초등수학에서 배운 내용을 반복하는 것 같지만 그렇지 않다. 점, 선, 면이라는 사물이 아니라 점, 선, 면이라는 생각을 설명하는 것이다. 다각형, 원이라는 생각이 뭔지 명확하게 말로써 설명한다. 사물이라면 보여주면 되지만 생각은 그럴 수 없다. 오직 생각으로써 분명하게 설명해줘야 한다. 안 그러면 그게 뭔지 헷갈리게 되고, 다른 생각과 충돌한다.

점, 선, 면은 이제 생각 속에서 존재하는 대상이다. 삼각형, 원도 마찬가지다. 이 점을 분명하게 알아야 한다. 생각 속에서, 생각으로만 존재하는 대상이다. 그게 뭔지는 오직 말로써 제시될 뿐이다. 그 말이 전부다.

선분만으로 둘러싸인 평면도형을 **다각형**이라고 한다. 선분의 개수에 따라서 삼각형, 사각형, 오각형, …이라고 한다. 삼각형은 3개의 선분으로 둘러싸인 평면도형이다. 선분의 개수가 n개인 다각형은 n각형이다. 다각형 중에서 변의 길이와 각의 길이가 모두 같은 다각형을 정다각형이라고 한다.

다각형을 이루는 선분을 변, 변과 변이 만나는 점을 꼭짓점이라고 한다. 한 꼭짓점에 이웃하는 두 변이 이루는 각을 그 꼭짓점의 **내각**이라고 한다. 이웃하는 두 변에서 한 변과 다른 변의 연장선이 이루는 각을 그 꼭짓점의 **외각**이라고 한다.

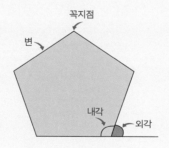

중1 평면도형과 입체도형

평면 위의 한 점 O에서 일정한 거리에 있는 모든 점들로 이뤄진 도형이 원이다. 이 도형을 원 O라고 한다. 이때 점 O는 원의 중심, 원의 중심 O로부터 원 위에 있는 한 점을 이은 선분을 원의 **반지름**이라고 한다.

원 위에 서로 다른 두 점을 잡았을 때 원은 두 부분으로 나눠진다. 원의 일부인 두 부분을 각각 **호**라고 한다. 두 점 A, B를 양 끝점으로 하는 호를 호 AB라고 하고, 기호로 $\overarc{AB}$로 나타낸다.

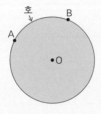

중1 평면도형과 입체도형

그려놓은 도형은 도형이 아니다

그러면 수학시간에 그리는 선, 삼각형, 원은 뭐란 말인가? 그건 진짜 선, 삼각형, 원이 아니라 선, 삼각형, 원을 지시하는 기호다. 말로만 정의된 선, 삼각형, 원을 생각하기 쉽도록 그려놓은 그림이다. 말로만 정의해놓으니 너무 어려워하는 사람을 위해 표현해놓은 것이다. 진짜 선, 삼각형, 원은 눈으로 보이지 않는다. 생각으로만 볼 수 있다. 아무리 정교하게 찍어놓은 점이라고 할지라도, 어차피 그건 점이 아니다. 착각하지 말라!

르네 마그리트, 〈이미지의 반역〉, 1929

파이프처럼 보이지만 파이프가 아니란다
(Ceci n'est pas une pipe).
수학에서 그리는 삼각형은 삼각형이 아니다.
삼각형처럼 보일 뿐이다.
말로 정의된 삼각형을 그나마 표현해놓은
기호 또는 그림에 불과하다.

생각을 기호로 표현하면 좋은 점이 많다. 기호를 보고 생각을 더 깊게 할 수도 있고, 다른 사람과 그 대상에 대해 대화를 할 수도 있다. 그래서 중학수학에서는 각종 용어에 해당하는 모양과 기호를 제시한다. 이때의 모양이란 진짜 그 대상이 아니라 기호이자 그림이다. 점이 조금 커도, 원이 조금 구부러져도 상관없다. 적당하게 찍고 그려서 '점'이라고, '원'이라고 말해주면 된다.

기하학의 대상이 말로 정의된 대상이기에 공부할 때 주의할 점이 있다. 마름모든 원이든, 수직이든 평행이든, 넓이든 부피든 각 개념을 말로 설명할 수 있어야 한다. 평행이 뭐냐고 물으면 평행한 것처럼 보이는 두 개의 직선을 그어 보여주면 안 된다. 두 직선이 서로 만나지 않을 때 평행이라고 말할 수 있어야 한다. 어떤 용어나 공식을 말로 표현할 수 있어야 제대로 아는 것이다. 그림은 부차적이다.

기하학은 사고방식이자 체계다

기하학에서 다루는 대상은 특정한 점, 특별한 원이 아니다. 모든 점, 모든 원에 대한 성질을 다룬다. 관점 자체가 일반적이고, 보편적이다. 산 정상에서 세상을 내려다보는 것과 같다. 모든 사물과 현상에 두루 적용되는 규칙을 찾으려 한다. 그렇기에 우리는 기하학을 통해 세상을 한눈에 꿰뚫어볼 수도 있는 규칙을 손에 넣을 수 있다. 하나하나에 익숙한 사고방식과는 매우 다르다.

점, 선, 면이라는 생각으로부터 각종 도형이라는 생각이 만들어진다. 그로부터 도형의 성질이나, 도형과 도형이 만나 만들어내는 규칙이라는 생각이 출현한다. 생각이 생각을 낳으며 생각의 퍼즐은 계속 맞춰지고 확장된다. 그 과정은 증명을 통해서 이뤄진다. 그 과정을 볼 수 있도록 작도를 이용해 도형을 그려간다. 그게 기하학이다.

기하학은 서로 연결되어 있다. 수많은 세포가 조직을 이뤄 하나의 몸이 되듯이, 수많은 아이디어들이 정교하게 결합하여 기하학을 구성한다. 초등수학의 도형에서 삼각형은 삼각형대로, 원은 원대로 배운다. 각 지식이 분리되어 있다. 그러나 기하학은 각 부분만을 다루지 않는다. 부분과 부분은 연결되어 있다. 평행으로부터 두 직선의 거리로, 밑변과 높이가 같은 삼각형의 넓이로, 피타고라스의 정리로 이어지고 확장된다. 하나의 체계를 이룬다.

기하학은 연역적 체계다. 연역적이라는 말은 귀납적이라는 말과 반대다. 귀납적이라는 것은 경험적이라는 뜻이다. 현상이나 사물을 먼저 보고서 어떤 사실을 알아내는 방법이다. 사과가 떨어지고, 공이 떨어지고, 물이 떨어지는 것을 보고서 지구에는 만유인력이 있다고 말하는 것이다. 그러나 수학은 귀납적인 방법을 사용하지 않는다. 모든 현상과 사물을 다 검증할 수 없기 때문이다.

연역적인 방법은 확실한 생각으로부터, 또 다른 확실한 생각을 이끌어낸다. 이 방법의 출발점은 정확한 정의와 확실한 사실이다. 확실한 사실을 공리라고 부른다. 평행선의 정의와 공리로부터 삼각형의 넓이나 피타고라스의 정리를 유추해냈지 않은가! 유추의 과정이 증명이다. 경험적인 방법은 어디에도 개입되지 않는다. 기하학을 공부하려면 이런 사고방식에 익숙해져야 한다.

09

규칙 찾기에서
함수로

초등수학의 규칙: 규칙을 찾고, 표현하고!

규칙성은 말 그대로 규칙에 대한 공부다. 이 영역은 초등학교 1학년 때부터 규칙 찾기로 시작된다.

＃ 보기를 보고 규칙을 말해 보세요. □ 안에 알맞은 모양을 그려 넣으세요.

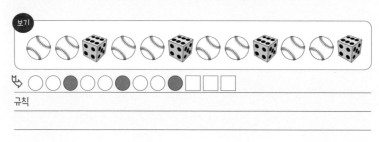

초등 1-2 규칙 찾기

규칙이 있는 패턴을 보여주고, 규칙을 찾아 그다음에 어떤 게 들어가야 하는가를 묻는다. 단순한 규칙 찾기로부터 암호나 스도쿠같이 조금 복잡한 규칙 찾기 문제로 나아간다.

＃영어 알파벳 26자를 이용해서 암호를 만듭니다. 알파벳 순서를 밀거나 당기면 쉽게 만들 수 있어요. 각 알파벳을 두 칸씩 앞으로 당겨 대응시키면 GOOD MORNING은 EMMB KMPLGLE와 같은 암호로 쓸 수 있습니다.

초등 4-2 규칙과 대응

＃가로, 세로 그리고 6칸짜리 사각형 안에 1부터 6까지의 숫자가 각각 한 번씩만 들어가게 넣으려고 합니다. 규칙에 맞게 숫자를 배열해 보세요.

		6	2		3
	2	3		6	
		4		3	
	6		1		
	3		4	5	
5		1	3		

초등 6-2 여러 가지 문제

규칙 찾기는 두 수를 하나씩 맞추는 대응으로 나아간다. 수 하나에 다른 수를 대응시키고, 그렇게 대응된 수들의 규칙을 찾아본다. 그 대응 관계를 □와 △로 표현해보게 한다. 대응된 수들의 관계는 비례와 연결된다.

＊ 팔린 아이스크림의 수와 판매금액 사이에 어떤 대응 관계가 있는지 알아보세요.

팔린 아이스크림의 수	1	2	3	4	5	6	7
판매 금액	1500	3000	4500				

- 표를 완성한 후, 팔린 아이스크림의 수와 판매금액 사이에 어떤 관계가 있는지 말해 보세요.

- 팔린 아이스크림의 수를 □, 판매금액을 ○라 할 때 □와 ○ 사이의 대응 관계를 식으로 나타내 보세요.

  식 _____

초등 4-2 규칙과 대응

초등수학의 규칙성은 '규칙 찾기'와 '찾은 규칙을 식으로 표현하기'가 전부이다. 이리저리 배열되어 있는 현상 속에서 일정한 규칙을 찾아보게 한다. 질문은 질문 자체로 생각해보게 하는 힘이 있다. 규칙 찾기는 학생들로 하여금 규칙이라는 관점으로 사물을 바라보게 한다. 그리고 찾은 규칙을 말로, 식으로 표현해보도록 한다.

중학수학의 규칙: 함수라는 분야로!

규칙성은 중학수학에서 함수라는 분야로 발전한다. 여기저기에서 규칙을 찾아 말로, 식으로 표현해보던 게 하나의 이론이 되었다. 초등수학에서 다뤘던 내용을 이어받아 확장해간다. 그 규칙을 함수식으로 표현한다. 그리고 함수 자체를 탐구의 대상으로도 삼는다. 식의 특징을 파악하고, 용어를 만들고, 이론적인 모양새를 취해간다.

❋ 색연필 한 자루의 무게는 15g이다. 색연필의 개수와 무게 사이의 관계를 알아보자.

• 색연필의 개수를 x, 무게를 y라 하고 표를 완성해보라.

색연필의 개수 x	1	2	3	4	5	…
무게 y(g)						

• 이 표에서 x가 2배, 3배, 4배, …로 변하면 y는 어떻게 변하는가?

• x와 y 사이의 대응 관계를 식으로 나타내보라.

중1 정비례와 반비례

문제 하나를 보자. 색연필 한 자루가 15g이다. 색연필의 수에 따라 전체 무게는 비례한다. 색연필의 개수가 3배 많아지면, 전체 무게도 3배가 된다. 색연필의 개수를 x, 무게를 y라고 하여 표를 만들면 다음과 같다.

x	1	2	3	4	5	⋯	x
y	15×1	15×2	15×3	15×4	15×5		$15\times x$

무게 y는 색연필 한 자루의 무게인 15에 개수 x를 곱하면 된다. $y=15$ $\times x$인데, 곱하기를 생략하여 $y=15x$라고 간단히 쓴다. 이때 x,y는 값이 하나로 딱 정해져 있지 않다. x가 어떻게 되느냐에 따라서 y도 달라진다. x의 값 하나가 y의 값 하나에 '대응'한다. x와 y가 '일대일 대응'한다. x,y 는 변하는 수인 변수(變數, variable)다.

규칙에 따라 x,y의 식은 달라진다. $y=x+10$, $y=-2x+3$. 식이 달라지면 x에 대한 y의 값이 달라진다. 규칙이 다르니, 식에 따라 결과도 달라진다. 식은 얼마든지 더 다양해질 수 있다. x가 아닌 x^2이 포함된 식도 가능하다. $y=x^2$, $y=-2x^2+5$. 필요하다면 x^3, x^4이 포함된 식도 가능하다. 좀 더 복잡한 규칙을 표현하기 위해서 필요하다면 그 이외의 식을 사용해도 된다. $\sin x$, $\log x$, e^x, ⋯

대응하는 수들의 규칙을 나타내는 식은 두 개의 문자로 표현된다. 원인에 해당하는 문자가 오른쪽, 원인에 따라 결정되는 결과를 나타내는 문자가 왼쪽에 놓인다. 규칙에 따라 오른쪽에 표현되는 식은 달라진다. 하지만 그 패턴은 동일하다. 그래서 그 식들을 다시 묶어 $y=f(x)$라는 하나의 식으로 일반화한다.

$$y=70x$$
$$y=x+10$$
$$y=x-2$$

$$y = x^2 + 3,$$

$$y = -2x^2 + 5$$

$$\vdots$$

$$y = f(x)$$

$y = f(x)$는 수많은 식들의 패턴을 나타내는 또 하나의 식이다. 문자 위의 문자다. 그 식들은 모두 일대일 대응하는 수의 관계를 설명한다. f 는 function의 약자이다. 어떤 역할을 하거나 기능을 한다는 뜻이다. x 에 속하는 수를 일정한 규칙에 의해 y로 변화시키는 역할을 한다. 변화 의 방향은 x에서 y로이다. x의 모든 값들은 규칙에 따라 다른 하나의 값 y로 변한다.

$y = f(x)$를 우리말로 바꾸면 'y는 x의 함수다'가 된다. x에서 y로 변하 는데, x와 y는 하나씩 대응하는 관계에 있다. $y = 2x + 3$, $y = -3x + 1$처 럼 변수 x의 지수가 1이면 1차함수, $y = x^2 + 3$, $y = -2x^2 + 5$처럼 x의 지 수가 2이면 2차함수라고 한다. 변수 x가 sin, cos과 같은 삼각비로 이뤄 졌으면 삼각함수다. 2^x나 a^x처럼 지수이면 지수함수, $\log x$와 같은 형태면 로그함수다. 변수 x가 어떤 형태냐에 따라서 함수의 이름이 달라진다.

상황에 따라 x, y를 다른 문자나 말로 바꿀 수도 있다. 그러면 바뀐 문자를 넣어, 어떤 함수인가를 말해주면 된다.

$y = f(x)$: y는 x의 함수

→ x의 값 하나가 y의 값 하나와 대응되는 함수

나 $= f($가$)$: '나'는 '가'의 함수

→ '가'의 값 하나가 '나'의 값 하나와 대응되는 함수

★＝f(◎) : ★는 ◎의 함수

→ ◎의 값 하나가 ★의 값 하나와 대응되는 함수

티켓비용＝f(인원수) : '티켓비용'은 '인원수'의 함수

→ '인원수'의 값 하나가 '티켓비용'의 값 하나와 대응되는 함수

$y＝f(x)$를 이용하면 대입하는 과정과 결과를 간단하게 보여줄 수 있다. 대입하는 수를 x에 적어주고, 그 결과를 y에 적어주면 된다.

$f(1)＝70$ —— 어떤 함수에 1을 대입하면 70이 된다. (1이 70에 대응한다.)

$f(5)＝5$ —— 어떤 함수에 5를 대입하면 5가 된다. (5가 5에 대응한다.)

여기까지는 초등과정에서 배웠던 내용과 연결된다. 수를 문자로 바꾸고, 그 과정에서 이런저런 용어를 만들었다.

함수를 보이는 그래프로!

함수에서 새롭게 배우는 것도 있다. 함수식을 그래프로 표현하는 방법이다. 초등과정에서는 규칙을 표나 말 그리고 문자로만 표현했다. 그런데 중학수학에서는 그 식을 눈으로 볼 수 있게 그린다. 함수를 그래프로 그려주면 규칙이 눈에 보인다. 머리로만 규칙을 파악하는 게 아니라

규칙을 눈으로 보게 된다.

함수를 그래프로 그리는 방법은 그리 어렵지 않다. 극장이나 공연장에서 좌석의 위치를 행과 열로 표시하는 방법 그대로다.

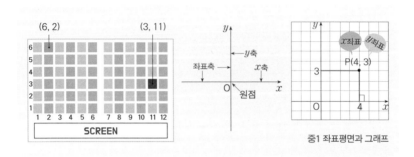

중1 좌표평면과 그래프

맨 왼쪽과 아랫쪽에는 좌석 번호가 표시되어 있다. 가로를 행, 세로를 열이라고 한다. 그림에서 빨간색 좌석은 6행 2열이다. 6행 2열로 표시되는 좌석은 그 자리 하나뿐이다. 파란색 좌석은 3행 11열이다. 이런 식이면 모든 좌석의 위치를 한 가지로만 정해줄 수 있다. 이 방법을 이용해 그래프를 그린다. 열에 해당하는 게 x축, 행에 해당하는 게 y축이다. x축과 y축으로 표시된 공간을 평면좌표라고 한다. 평면좌표상의 모든 점은 x축의 값과 y축의 값으로 표시된다. x축의 값이 4이고 y축의 값이 3인 점은 딱 한 군데다. 그 점을 우리는 (4, 3)이라고 표시하고 이와 같은 표시를 순서쌍이라고 한다.

함수의 모든 값들은 일대일 대응한다. x값 하나에, y값 하나가 대응된다.

$$y=2x$$

x	$\cdots$	-4	-3	-2	-1	0	1	2	3	4	$\cdots$
y	$\cdots$	-8	-6	-4	-2	0	2	4	6	8	$\cdots$

이 표에서 우리는 순서쌍을 얻을 수 있다. x값과 y값을 묶으면 된다. $(-4, -8)$, $(-3, -6)$, $(-2, -4)$, $(-1, -2)$, $(0, 0)$, $(1, 2)$, $(2, 4)$, $(3, 6)$, $(4, 8)$. 이 순서쌍을 평면좌표 위에 찍어 점들을 이으면 하나의 그래프가 나온다. 이 그래프가 함수 $y=2x$의 그래프다. 식이 그래프로 둔갑한다.

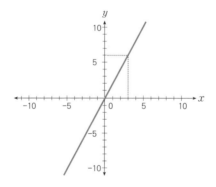

그래프를 그려놓으면 규칙이 눈에 들어온다. x의 변화에 따라 y가 어떻게 변할지 예상할 수 있다. 위의 그래프에서 우리는 x값이 1 커질수록 y값이 2만큼 커진다는 걸 알 수 있다. 그래프의 모양과 기울기에 따라 변화의 양상은 달라진다. 그래프 모양과 식의 관계를 탐구하면 그래프만 보고도 함수의 성질을 알 수 있게 된다. 여러 함수와 각 함수의 그래프를 공부하게 되는 이유다. 식에 따라 그래프가 어떻게 되는지, 그래프의 모양에 따라 식이 어떻게 달라지는지를 배우게 된다.

함수를 그래프로 그리는 방법은 중요하다. 앞으로 두루두루 쓸모가 많다. 그래프를 통해서 함수식을 유추하는 방법도 배워간다. 평행이동을 통해 식을 쉽게 얻는 방법도 배운다. 동일한 그래프를 좌우로 이동할 경우 원래의 함수식을 조금만 변형하면 이동한 그래프의 함수식을 바로 구할 수 있다.

중학수학의 함수는 식을 문자로 나타내고, 그 식을 또 그래프로 나타낸다. 그 일련의 과정을 촘촘하게 배워간다. 그 과정에서 필요한 개념을 정의하고 용어를 만들어낸다. 식을 그래프로 그려보면서, 함수식과 함수 그래프 사이의 관계를 파악한다. 지수가 1차인 식과 2차인 식까지를 다룬다. 그래프로 그린 뒤 특별한 값인 최솟값이나 최댓값을 구해보기도 한다. 함수라는 독자적인 이론을 공부한다.

함수는 고등학교 과정에 갈수록 중요해진다. 함수는 특히 변화를 다룬다는 점에서 근대 이후의 수학에서 매우 중요한 역할을 했다. 고등학교에 가서 배우게 될 미분과 적분의 기초가 된다. 중학교에서 배우는 수인 음수, 무리수를 포함하는 실수는 함수가 막강해질 수 있도록 날개를 달아줬다. x, y가 수직선에 존재하는 모든 수가 되면서 규칙과 변화를 어느 시점에서나 다룰 수 있도록 해준다.

함수냐 아니냐?

함수를 그래프로 그린다거나, 함수들을 묶어 일반화해서 본다는 점은 새롭다. 그렇지만 함수는 초등수학의 규칙 영역을 자연스럽게 확장한 영역이다. 그다지 낯설거나 새롭지는 않다. 그래프도 완전히 새롭지 않다. 대응하는 수를 순서쌍으로 변환하고, 그 순서쌍을 평면좌표 위에 찍는다는 아이디어만 이해하면 된다. 그리 어려울 게 없다. 그런데 배우는 학생들에게 함수는 무척 어렵다.

함수가 어렵게 느껴지는 이유 중 하나는 함수라는 단어 때문이다. 초등학교 때 한 번도 들어보지도 않았던 단어가 갑자기 튀어 나오기에 진짜 새로운 것으로 받아들인다. 게다가 함수라는 단어의 뜻이 팍 와 닿지 않는다. 설명을 봐도 함수라는 단어와 잘 연결되지 않는다. 그러나 함수는 초등수학의 규칙성이 문자로 표현되고, 그래프로 그려진 것뿐이다. 그렇게 어려워해야 할 이유가 없다. 함수라는 단어부터 정확하게 이해해보자.

함수(函數)! 한자만 보면 무슨 수라고 생각하기 쉽다. 수를 다루고 있으니 완전히 틀린 건 아니지만 함수가 수는 아니다. 단어가 적절하지 않다. 오해하기 십상이다. 그 뜻을 잘 이해하려면, 함수를 정의하던 과정을 복기해볼 필요가 있다.

x	$\cdots$	-4	-3	-2	-1	0	1	2	3	4	$\cdots$
y	$\cdots$	-8	-6	-4	-2	0	2	4	6	8	$\cdots$

대응하는 수들의 표다. x, y는 일대일 대응한다. 함수에서 중요한 것은 일대일 대응이다. 두 변수 x, y가 하나씩 짝을 맺을 때 둘이 함수관계에 있다고 한다.

함수는 두 변수의 관계를 다룬다. 두 변수의 관계 중에서 하나씩만 대응하는 특별한 관계다. 반드시 수여야만 하는 게 아니다. 수가 아니어도 함수가 될 수 있다. 이게 함수의 조건이다. 이 조건이 무엇을 의미하는지, 몇 가지 사례를 통해 확인해보자.

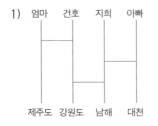

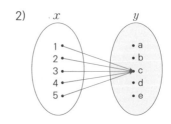

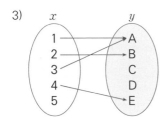

1)은 사다리 타기 놀이다. 1)은 함수일까 아닐까? 사다리 타기에서 모든 사람은 서로 다른 결과에 하나씩 대응된다. 그러니 사다리 타기는 함수관계에 있다. 2)는 x의 모든 값들이 c에 쏠려 있다. c의 입장에서 보면 일대일 대응이 아니다. 그런데 함수관계를 결정하는 요인은 원인인 x의 값들이다. x의 값들이 y의 값에 하나씩만 대응하면 된다. y값이 하나여도 된다. 그래서 2)는 함수다. x에 속하는 각각의 값들은 오직 하나의 y값에 대응하고 있다. 3)은 함수가 아니다. x의 값 중에서 5에 대응하는 y값이 존재하지 않기 때문이다. 함수가 되려면 x의 모든 값들에 대해 y의 값이 하나씩 존재해야 한다.

어떤 식이 함수인지 아닌지는 x의 값들이 어떻게 대응하고 있는가에 의해 결정된다. y값이 중요한 게 아니라 x값이 중요하다. x의 모든 값들이, 하나도 빠짐없이 일대일 대응해야 한다. 대응하는 y의 값이 같거나 다르거나는 중요하지 않다.

함수, 말이 더 어려워

일대일 대응하는 특별한 관계를 뜻하는 말이 함수다. 아무리 봐도 설명과 단어가 어울리지 않는다. 함수라는 말 어디에서 그런 관계를 연상할 수 있겠는가! 왜 이리 이상한 이름을 갖게 된 것일까?

함수라는 말은 중국의 한자 函數를 우리말로 옮긴 것이다. 函數는 1859년에 청나라의 수학자 이선란이 처음 사용하였다. 그는 함수를 뜻하는 영어 function을 번역하면서, 그 의미를 고려하여 函數라는 한자를 선택했다. 函은 우리가 국기함, 사물함에서 '함'자로 쓰이는 글자다. 무

그림과 같은 어떤 상자가 있다. 이 상자에 하나의 수를 넣으면 다시 수가 나오는데, x를 넣으면 x에 10을 곱한 수 y가 나온다.

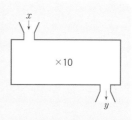

예제1 다음의 표에 적절한 수를 넣어보라.

x	1	2	3	4	5	6	7
y	10	20					

예제2 예제1의 표에서 x의 값이 하나 정해질 경우, y의 값은 몇 개가 정해지는지 말해보라.

중2 함수

엇인가를 담는 상자를 뜻한다. 하나의 수를 넣으면 다른 수가 튀어 나오는 상자라는 뜻이다. x의 수를 집어넣어 새로운 수가 나오는 function의 의미를 함수라는 말에서 읽을 수 있다. 교과서에서 함수를 설명하면서, (요즘은 참 보기 힘든 모양의) 함 그림이 등장하는 이유다.

이선란은 상자를 뜻하는 글자인 函을 이용해 함수를 정의했다. 그는 함수를, 변수를 포함하는 변수라고 정의했다. y가 x의 함수라고 할 때, y가 x를 포함한다는 뜻이다.

凡此變數中函彼變數者 , 則此為彼之函數

(이 변수가 저 변수를 포함한다면, 이는 저의 함수다.)[*]

일본에서는 함수를 번역할 당시 函 글자가 상용한자 목록에 없었다고 한다. 그래서 같은 음을 갖는 한자 중에서 관계를 뜻하는 関을 사용했다. 관수(関數)인데, 관계라는 말이 들어간 것으로 보면 더 적절한 번역이다.

---

[*] 위키백과, 함수.

참으로 유용한 함수!

함수는 관계와 규칙을 다룬다. 관계와 규칙은 수학만의 문제가 아니다. 고로 함수라는 말은 수학뿐만 아니라 일상에서도 많이 사용된다.

"흥행작의 함수".** 한 신문 기사의 제목이다. 영화 〈라라랜드〉를 예로 들면서 영화와 흥행의 관계를 다뤘다. 제작비를 많이 들인 블록버스터 영화도 아니면서 흥행에 성공한 영화로 〈라라랜드〉를 꼽았다. 제작비와 흥행이 꼭 비례하는 것은 아니다. 영화의 특성에 따라 흥행성적표가 달라진다. 이런 점을 지적하며 "함수"라는 단어를 제목으로 썼다. 〈운빨로맨스〉라는 드라마***에서는 주인공 남자가 주인공 여자에게 이렇게 고백했다. "당신은 어떤 함수로도 들어맞지 않는다"라고. 여자 주인

**   국민일보, 2017년 1월 2일, 흥행작의 함수.

***   경기도민일보, 2016년 6월 24일, '운빨로맨스', 류준열….

공은 남자 주인공의 기대와 예상을 늘 빗겨갔다. 생각대로 되지 않는 상황을, 남자 주인공은 어떤 함수로도 들어맞지 않는다며 멋들어지게 비유했다.

함수는 일대일 관계를 다루기에 함수관계를 알면 둘 사이의 관계를 예측할 수 있다. 그런 면에서 함수는 매우 강력하고, 쓸모가 많다. 독일의 천문학자 티티우스(J. D. Titius, 1729~1796)와 보데(Johann Elert Bode, 1747~1826)는 밝혀진 행성의 자료를 바탕으로 하여 태양계에 행성이 어디에 있을 것인가를 예측했다. 행성의 순서와 위치에 관한 함수를 예측했다. 그 예측은 맞았고, 그 결과 세레스를 비롯한 소행성이 발견되었다.

이후 세레스는 유명한 수학자 가우스(Carl Friedrich Gauss, 1777~1855)로 인해 또 유명해졌다. 소행성 세레스가 사라지자 가우스는 그 소행성의 궤도를 계산해, 어느 시각에 어디에 있을지를 예측했다. 시간에 따른 위치의 함수를 알아낸 것이다. 그의 함수는 정확했고, 있어라 하던 곳에 세레스는 있었다.

예측뿐이랴! 함수를 안다면 적절한 계획과 통제가 가능하다. 날씨와 사람들의 기분 사이에 어떤 함수관계가 있는지 안다면 사랑하는 이의 마음을 얻는 일이 더 쉬워질 수 있다. 기름값과 세금, 기름값과 물가인상의 함수관계를 안다면 기름값을 적절하게 통제할 수 있다. 함수를 안다는 것은 둘 사이의 규칙을 안다는 것이므로, 규칙을 통해서 변화를 제어할 수 있다.

함수의 중요성은 변화를 다룬다는 데 있다. 변화의 패턴을 파악해, 그 변화를 예측할 수 있다고 생각해보라. 그건 이 세상을 자기 손바닥

위에 올려놓고 훤히 들여다보는 것과 같다. 현재뿐만 아니라 과거와 미래마저도. 그뿐만이 아니다. 자신이 원하는 세상을 만들어내기 위해 적절하게 개입하는 것도 가능하다. 마력 아닌가! 그런 함수를 중학수학에서 배우기 시작한다. 처음은 미약하게 함수식 만들기로 시작하지만, 나중은 원대하다. 흔쾌히 접수해버리자.

10

문제와 해법,
계산에서
조작(방정식)으로

수학 공부의 목표 중 빠지지 않는 게 문제해결력 향상이다. 문제를 잘 해결해갈 수 있는 능력을 키우자는 것이다. 그러기 위해서는 답을 이끌어내는 해법이 필요하다. 해법의 측면에서 초등수학과 중학수학을 비교해보자. 문제로부터 답이 나오는 과정에 주목해보자. 문제의 유형에 따라 해법이 달라지니, 유형을 생각하며 살펴보자.

초등수학의 문제 유형

초등수학에서 가장 먼저 다루는 문제는 수 세기다. 수를 잘 세야, 계산이나 넓이를 구할 수 있다.

※ 탁자 위에 놓인 물건의 개수를 세어 보세요.

곰인형	:	/	**1**
공책	:	//	**2**
과자	:		
구슬	:		
자동차장난감	:		

초등 1-1 9까지의 수

가르기 문제도 나온다. 수를 가르고, 모은다. 그러면 다른 수 사이에 어떤 관계가 있는지 알게 된다. 두 수를 비교하게 된다. 이후 두 수의 사칙연산이 시작된다. 자연수로부터 분수와 소수에 이르기까지 수 세기와 수의 사칙연산은 계속된다.

※ 5를 두 수로 갈라 보세요.

• 5를 여러 가지 방법으로 갈라 보세요.

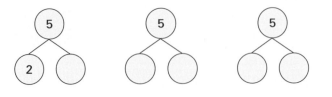

초등 1-1 덧셈과 뺄셈

144

＃ 강아지의 수를 어떻게 구할 수 있는지 말해 보세요.

쓰기

$2 + 3 = 5$

읽기

2 더하기 3은 5와 같습니다.
2와 3의 합은 5입니다.

초등 1-1 덧셈과 뺄셈

도형과 관련해서는 물건의 모양과 도형의 이름을 먼저 익힌다.

＃ 탁자 위에 물건이 종류별로 정리되어 있어요.

• 가람이가 ⬭ 을, 수민이가 ⬜ 을 정리했습니다. 탁자 위 물건들이 어떤 모
양인지 말해 보세요.

초등 1-1 여러 가지 모양

그러고는 각 도형의 성질을 확인하고, 도형의 넓이나 부피를 구하는
문제로 흘러간다.

✳ 다양한 도형의 이름을 뭐라고 지으면 좋을지 이야기해 보세요.

초등 2-1 여러 가지 도형

도형에 관한 문제도 수의 문제와 연결되는 경우가 많다. 길이, 둘레, 넓이, 부피의 경우는 수 세기나 수 계산과 직결된다.

✳ 왼쪽과 같이 직육면체 전개도에 선을 그었습니다. 이 전개도를 접어 오른쪽 직육면체를 만들었을 때 직육면체에 나타나는 선을 그려 넣으세요.

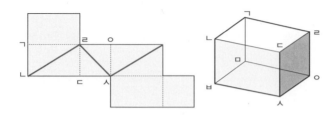

초등 5-1 직육면체

＊ 원기둥 전개도는 다음과 같습니다. 이 원기둥의 부피를 구하세요. (원주율: $\frac{22}{7}$)

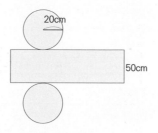

• 원기둥의 밑면 하나의 넓이를 구하세요.

• 원기둥의 부피는 얼마입니까?

초등 6-2 원기둥, 원뿔, 구

◦━ 초등수학의 1차원 문제 : 단순 계산

수와 도형의 문제 유형을 몇 가지 살펴봤다. 이제는 내용을 무시하고 형식에 주목하여 문제와 답의 패턴을 보자. 문제로부터 답이 어떤 흐름을 거치는지, 해법의 방향이 어찌 되는지 보자. 앞에서 봤던 문제들에는 공통점이 있다. 문제는 다르지만, 문제 해결의 방향이 같다.

문제의 가장 기본적인 패턴은 $1+1=2$이다. $1+1$이 얼마인가를 묻는다. 답을 구하기 위한 조건이 문제에 다 주어져 있다. 1, 1, ＋가 조건이다. 그 조건을 잘 조합하면 답이 나온다. 원하는 답을 얻기 위해 해야 할 일은 원인을 잘 활용하는 것이다. 해법의 방향은, 원인으로부터 결과다. 복잡한 수 계산도, 도형의 넓이나 부피를 구하는 것도 같은 패턴이다. 이 유형을 '1차원 문제'라고 하겠다.

$$1+1 \xrightarrow[\text{조건으로부터 결과를}]{} 2 \qquad : 1차원 해법$$

　1차원 문제는 수, 도형 이외의 영역에서도 흔하게 발견된다. 수의 연산처럼 단순한 것도 있지만, 문제에 따라 조건이 복잡한 경우도 많다. 문제가 복잡하더라도 패턴은 단순하다. 주어진 조건을, 문제에 맞게, 재구성하면 답이 나온다. 물이 위에서 아래로 흐르고, 오늘이 지나 내일이 오듯 (어려운 경우도 있지만) 자연스럽다.

⁂ 수지는 가게에서 오전 10시부터 오후 8시까지 2시간 간격으로 손님의 수를 조사했습니다. 조사결과를 나타낸 다음 표를 보고 물음에 답하세요.

시각	오전 10시	오전 12시	오후 2시	오후 4시	오후 6시	오후 8시
손님 수	8	15	13	6	12	9

• 손님의 수 변화를 알아보기 가장 좋은 그래프는 무엇입니까?

• 손님의 수 변화를 적절한 그래프로 나타내 보세요.

초등 5-2 자료의 표현

⁂ 하트 모양 위에 일정한 간격으로 점이 찍혀 있습니다. 일정한 규칙으로 선분을 그어 모양을 만들어 보세요.

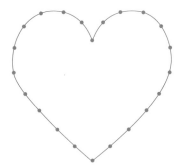

초등 6-2 여러 가지 문제

∽ 초등수학의 2차원 문제 : 결과로부터 원인을 구하는 문제

그러나 초등수학에도 1차원 문제와 다른 유형이 존재한다. 원인으로부터 결과를 구하는 게 아니다. 결과를 주고, 원인을 구하라고 한다. 1차원 문제와 방향이 정반대다. 이런 유형의 문제도 일찍 등장한다.

※ 귤 8개가 있었습니다. 엄마가 귤을 몇 개 더 주셔서 모두 세어보니 14개가 되었습니다. 엄마가 준 귤은 몇 개인지 알아보세요.

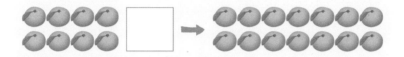

· 엄마가 준 귤의 개수를 □를 사용하여 덧셈식으로 나타내 보세요.

· □의 값을 구하는 방법을 친구들과 이야기해 보세요.

· 엄마가 준 귤은 몇 개일까요?

초등 2-1 덧셈과 뺄셈

8에 어떤 수를 더했더니 14가 나왔다. 그 수는 뭘까? 교과서에서는 문제를 소개하고 어떻게 풀 것인지 학생 스스로 생각해볼 시간을 준다. 앞에서 봤던 1차원 문제와 방향이 다르다. 방향만 바뀌었을 뿐인데, 어색하고 어렵다. 1, 2, 3, 4, 5… 이렇게 세다가 거꾸로 세라고 하면 처음에 당황하는 것과 같다. 어려워서가 아니라 낯설기 때문이다. 이런 유형의 문제도 종종 등장한다. 결과로부터 원인을 구하는 문제는 상대적으로 더 어렵다. '2차원 문제'다.

＃ □ 안에 알맞은 수를 써 보세요.

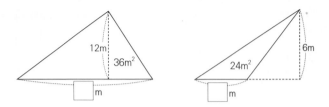

초등 5-1 다각형의 넓이

＃ 각 변의 길이를 150% 확대한 사진의 세로 길이가 45cm입니다. 처음 사진의 세
로 길이는 얼마인지 구해 보세요.

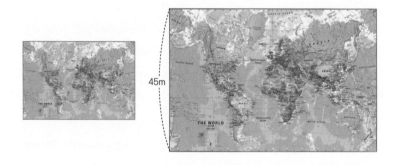

• 처음 사진의 세로 길이를 구하는 식을 써 보세요.

• 처음 사진의 세로 길이는 몇 cm입니까?

초등 6-1 비와 비율

$$2+\square=5 \xrightarrow{\text{결과로부터 원인을}} \square=3 \qquad : 2차원 문제$$

2차원 문제를 푸는 해법은 크게 두 가지다. 높이의 길이가 12이고, 넓이가 36일 때 밑변을 구하라는 문제로 생각해보자. 첫 번째 방법은 대입해보는 것이다. 삼각형의 넓이 공식을 놓고 밑변이 얼마일 때 넓이가 36이 되는지를 확인한다.

$$삼각형의 넓이 = 밑변의 길이 \times 높이 \div 2$$

밑변 $=1$일 때, $1 \times 12 \div 2 = 12 \div 2 = 6$

$\longrightarrow$ 답보다 작다. 더 큰 수를 넣어보자.

밑변 $=10$일 때, $10 \times 12 \div 2 = 120 \div 2 = 60$

$\longrightarrow$ 답보다 크다. 더 작은 수를 넣어보자.

밑변 $=8$일 때, $8 \times 12 \div 2 = 96 \div 2 = 48$

$\longrightarrow$ 답보다 살짝 크다. 조금 더 작은 수를 넣어보자.

밑변 $=6$일 때, $6 \times 12 \div 2 = 72 \div 2 = 36$

$\longrightarrow$ 답과 같다. 높이는 6이다.

이 방법은 수를 대입해 답을 구해보면서 정답을 찾아간다. 수에 따라 달라지는 답의 변화를 살피면서 수를 대입하는 게 기술이다. 이 기술에도 실력이 필요하다. 하지만 이 방법에는 한계가 있다. 만약 높이의 길이가 $\frac{17}{3}$ 이고, 넓이가 24.54라고 한다면 어떻게 풀까? 대입해보는 방법은, 너무 어렵거나 불가능하다.

대입해보는 방법은 원인으로부터 결과를 찾아가는 1차원 해법을 고수한다. 원인을 바꿔가면서 일치하는 결과를 찾으려고 한다. 이 방법은 문제가 단순한 경우, 자연수에 해당하는 경우일 때 그나마 효과적이다. 그러나 문제가 복잡해지면 이 방법은 무용지물이다. 역사적으로도 그랬다. 2차원 문제에 대한 해법으로 처음 시도된 게 대입하는 방법이었다. 그러다 한계를 깨닫고 다른 방법을 연구해냈다.

∞ 미지수와 관계를 이용한 2차원 해법

두 번째 방법은 그 수를 □라고 놓고 식을 만든 다음 그 식을 변형하는 것이다. 삼각형 문제를 이 방법으로 풀어보자. 높이를 □로 놓고 식을 세우면 $\square \times 12 \div 2 = 36$이 된다. 이 식으로부터 □를 구한다.

$\square \times 12 \div 2 = 36$ ⟶ 곱셈과 나눗셈이 연결된 연산이므로 $\square \times 12$를 ★로 묶는다.

$\bigstar \div 2 = 36$ ⟶ 곱셈과 나눗셈의 관계를 이용한다.

$36 \times 2 = \bigstar$ ⟶ ★=72인데, $\bigstar = \square \times 12$이다.

$\square \times 12 = 72$ ⟶ 곱셈과 나눗셈의 관계를 또 이용한다.

$72 \div 12 = \square$ ⟶ 계산하면 □=6이다.

□를 이용한 방법은 식을 세우고, 식들의 관계를 이용한다. 덧셈과 뺄셈의 관계, 곱셈과 나눗셈의 관계가 이용된다. 이 관계를 이용해, $\square \times 12 \div 2 = 36$으로부터 계산하기 편한 $72 \div 12 = \square$를 유도해낸다. 그러면 답을 바로 구할 수 있게 된다. 관계를 이용해 2차원 문제를 1차원 문제로 바꾸는 묘수를 보여준다.

$2 + \square = 5$ $\xrightarrow[\text{결과로부터 원인을}]{}$ $\square = 3$: 2차원 문제

초등수학의 문제는 두 가지 유형이다. 원인으로부터 결과를 바로 이끌어내는 1차원 문제와 결과로부터 원인을 이끌어내는 2차원 문제다. 문제에 맞는 해법도 다르다. 1차원 해법은 단순히 계산하면 된다. 답이 바로 나온다. 2차원 해법은 식의 관계를 이용해 2차원 문제를 1차원 문제로 바꾸는 게 먼저다. 결과에서 원인을 구하는 문제를 원인에서 결과를 구하는 문제로 바꾼다. 그리고 1차원 해법을 적용한다.

1차원 문제: 원인으로부터 결과를 알아낸다.
1차원 해법: 수를 계산한다.

2차원 문제: 결과로부터 원인을 알아낸다.
2차원 해법: 2차원 문제 → 1차원 문제 → 수를 계산한다.

중학수학의 새로운 해법: 식을 조작하고 변형하는 방정식

중학수학에서도 1차원 문제와 2차원 문제는 등장한다. 그런데 중학수학에서는 좀 더 복잡한 문제가 등장하고, 그런 문제를 풀어낼 수 있는 좀 더 강력하고 적극적인 해법이 등장한다.

수련꽃

예쁜 수련 꽃다발의
3분의 1은 미하데브에게

5분의 1은 휴리에게

6분의 1은 태양에게

4분의 1은 데비에게

그리고 남은 여섯 송이는 나의 선생님께 바치련다.

수학 교과서 한 곳에 소개된 미국 시인 롱펠로(Henry Longfellow, 1807~1882)의 시다. 몇 송이의 꽃을 갖고 있었겠느냐를 묻는다. 꽃송이가 답이니, 답은 분명 자연수일 것이다. 고로 대입법을 통해 문제를 풀수 있다. 분수가 포함되어 있어 성가시기는 하겠지만 답은 나온다. 여기서는 □를 이용한 방법으로 풀어보자. 먼저 식을 세우겠다. 중학수학에 맞게 □를 x라고 하자.

$$x = \frac{1}{3}x + \frac{1}{5}x + \frac{1}{6}x + \frac{1}{4}x + 6$$

식을 세웠다. 이제는 풀 차례다. 2차원 문제의 유형과 비슷하다. 이식으로부터 우리에게 쉬운 1차원 문제를 이끌어내야 한다. 그런데 이식에는 x도 여러 군데에 들어가고, 식이 덧셈으로 연결되어 있다. 덧셈과 뺄셈의 관계를 이용해도 1차원 문제로 바로 바꾸기 어렵다. 이 문제를 풀기 어렵다는 말이다. 이런 문제를 '3차원 문제'라고 하자.

식 $x = \frac{1}{3}x + \frac{1}{5}x + \frac{1}{6}x + \frac{1}{4}x + 6$을 푼다는 것은 x가 무엇인지 안다는 뜻이다. 꽃을 몇 송이나 갖고 있었는지 알아내는 것이다. 이런 3차원 문제는 2차원 문제와 또 다르다. 식의 관계를 이용해 1차원 문제로 바꾸는게 쉽지 않다. 식 자체를 풀어내는 해법이 필요하다. 이처럼 식이 복잡해지면서 식으로부터 답을 구해내는 해법 자체가 수학의 독립적인 분야로 발전해갔다. 그게 중학수학에서 배우기 시작하는 방정식이다.

방정식이란 식 중에서, 특정한 값에 대해서만 성립하는 식이다. 꽃송이 식이 그 예이다. 모든 수가 그 식을 만족시키는 건 아니다. 어떤 값만이 그 식을 만족시킨다. 그런 식이 '방정식', 그 값이 방정식의 '해' 또는 '근'이다. 그 해를 구하는 것을 '방정식을 푼다'고 한다.

식을 변형하라!

방정식을 풀어내는 기본 아이디어는 간단하다. 식만을 보고, 식만을 생각하여, 식을 특정한 꼴로 변형한다. 그 꼴이란 'x=수'이다. 이때의 수란 문자가 아니라, 문자가 전혀 없는 수다. 3, $\frac{4}{5}$, 5.2 같은 수를 말한다.

$$x = \frac{1}{3}x + \frac{1}{5}x + \frac{1}{6}x + \frac{1}{4}x + 6 \ \rightarrow \ x = 수$$

만약 식을 변형하여 x=100이라는 식을 얻었다고 해보자. 그럼 그게 답이다. 구하고자 하는 x의 값을 알아낸 것이니 그렇다.

방정식의 해는 식을 'x=수'꼴로 변형하면 얻어진다. 해를 구한다는 건, 'x=수'꼴로 바꾼다는 말과 같다. 남아 있는 숙제라면, '어떻게 'x=수'꼴로 바꿀 것이냐?'이다. 일단 이 아이디어만으로도 엄청난 진전이지 않은가! 이 아이디어를 따른다면, 답을 구하는 과정은 칠교놀이 같은 퍼즐 맞추기 게임이 되어버린다. 원하는 형태가 나오도록, 주어진 조각들을 이리저리 옮기고, 맞추면 된다.

이제 변형이다. 뭔가를 바꿀 수 있다는 것, 그것은 세상 자체를 바꾸는 것과 같다. 이런 일로 그렇게까지 의미 부여할 게 있냐고 하겠지만

칠교놀이는 7개의 주어진 조각을 배치하여
주어진 모양을 만드는 게임이다.
우주선도, 오리도, 낙타도 만들어낼 수 있다.
방정식은 주어진 식을 변형하여
'x=수'꼴로 만들어내는 게임이다.

사실이다. 그 정도로 엄청난 일을 한다는 자부심으로 임하자.

식의 변형을 위해서는 '식을 맘껏 변형할 수 있다'는 마음가짐이 우선이다. 이게 가능한 이유는 식도 수이기 때문이다. 우리는 초등학교 때 가르기와 모으기를 배웠다. 10=2+8=3+7로 가를 수 있다. 반대로 3과 4를 모으면 7이 된다. 수는 쪼개고, 모을 수 있다. 문자도 수다. 그러니 문자도, 문자로 이뤄진 식도 우리가 얼마든지 조작하고 변형할 수 있다.

식 변형의 기본 규칙

식을 조작할 때는 아무렇게나 하면 안 된다. 논리적인 수학이니만큼, 조작을 통해서 변형할 때는 철저하게 논리를 따라야 한다. 이유와 근거를 갖고 단계를 밟아가며 차근차근 해야 한다. 그 논리적 과정은 크게 네 가지다.

평형을 이루고 있는 양팔저울이 있다. 양쪽에는 서로 다른 물건이 있다. 이 상태에서 양쪽에 똑같은 물건을 올려놓으면 저울은 여전히 평형이다. 또 평형을 이루고 있는 물건의 개수를 두 배로 늘려도 평형은 유지

된다. 즉, 평형인 상태에서 무게가 같은 물건을 더하거나 빼도 평형은 유지된다. 물건의 개수를 똑같이 곱하거나 나눠줘도 평형을 이룬다. 즉, 양변에 같은 수를 더해주고, 빼주고, 곱해주고, 나눠줘도 등식은 성립한다.

$$a=b \ \rightarrow \ a+c=b+c, \ a-c=b-c, \ a\times c=b\times c, \ a\div c=b\div c$$

(단, 0으로 나누는 것은 안 된다.)

$a=b$라는 식을, 우리는 이렇게 다양하게 변형할 수 있다. c 대신에 어떤 수나 문자, 문자로 구성되어 있는 식을 대입해도 된다. 고로 식을 무한히 변형할 수 있다. 원하는 대로, 필요한 만큼 변형이 가능하다. 이 방법으로 꽃송이 문제를 풀어보자.

$x = \dfrac{1}{3}x + \dfrac{1}{5}x + \dfrac{1}{6}x + \dfrac{1}{4}x + 6 \ \rightarrow$ 분모를 통분한다.　〈3차원 문제〉

$x = \dfrac{20}{60}x + \dfrac{12}{60}x + \dfrac{10}{60}x + \dfrac{15}{60}x + 6 \ \rightarrow$ 우변의 x가 포함된 식을 모은다.

$x = \dfrac{57}{60}x + 6 \ \rightarrow$ 양변에 $\dfrac{57}{60}x$를 빼준다.

$x - \dfrac{57}{60}x = \left(\dfrac{57}{60}x + 6\right) - \dfrac{57}{60}x \ \rightarrow$ 괄호를 풀고 정리한다.

$x - \dfrac{57}{60}x = \dfrac{57}{60}x - \dfrac{57}{60}x + 6 \ \rightarrow$ 양변을 연산한다.

$\dfrac{3}{60}x = 6 \ \rightarrow$ 양변에 $\dfrac{60}{3}$ 을 곱한다.　　　　　〈2차원 문제〉

$\left(\dfrac{3}{60}x\right) \times \dfrac{60}{3} = 6 \times \dfrac{60}{3} \ \rightarrow$ 연산한다.　　　〈1차원 문제〉

$x = 6 \times \dfrac{60}{3} = 120$　　　　　　　　　　　　　〈1차원 해법〉

변형한 결과 $x=120$이라는 식이 되었다. 우리가 원하던 꼴이다. 고로 답은 120이다. 문제가 풀렸다. 이 식을 얻기 위해 한 일은 두 가지다. 식끼리 모으는 것과 양변에 같은 수를 더하거나, 빼거나, 곱해주거나, 나눠준 것이다. 그러니 이 과정에는 논리적으로 문제가 없다. 이렇게 식을 변형해 답을 구해내는 분야가 방정식이다.

방정식이란 말은 어디서?

방정식이란 단어도 방정식의 의미와 직접 연결되지 않는다. 방정식은 한자로 方程式이다. 네모 방, 길 정. 네모난 길의 식으로 연결되었는데 무슨 뜻인지 이해하기 힘들다. 그러나 방정이란 말의 기원을 알고 나면 그럴 듯한 이름이다.

방정이란 말은 고대 중국의 수학책인 『구장산술』에서 비롯됐다. 이 책의 이름은 9개의 장으로 구성된 계산 기술이란 뜻이다. 이 장 중 하나가 방정이다. 이 장에서 다루는 문제가 식을 변형하여 답을 구하는 문제였다. 그들은 네모난 표를 이용했다. 표에 수만 적어놓고, 그 표를 계속 변형해갔다. 변형된 네모의 길을 따라 풀어갔다. 그래서 방정이라고 했다. 그러던 차에 중국에서 이 분야를 뜻하는 서양의 equation을 번역해야 했다. 그들은 방정이란 말을 떠올렸고, equation을 방정식이라고 번역했다. 그 말을 우리도 사용하고 있다.

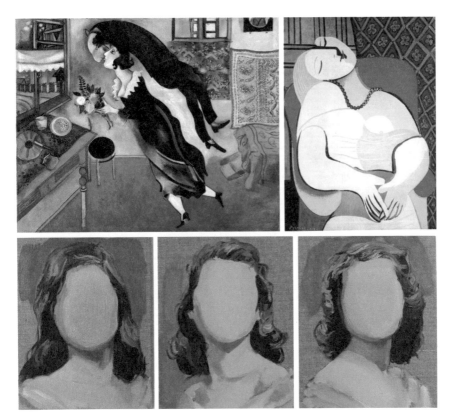

마르크 샤갈, 〈생일〉, 1915 (위 왼쪽)
파블로 피카소, 〈꿈〉, 1932 (위 오른쪽)
기드온 루빈, 〈1947년 졸업반〉 일부, 2012 (아래)

사람의 모습을 그렸다.
그러나 그 모습이 천차만별이다.
자신이 원하는 느낌과 이미지를 표현하기 위해
사람의 모습을 변형했다.
방정식을 풀기 위해서는 식을 'x=수'꼴로 변형한다.

방정식, 어떤 문제도 풀어낸다

방정식의 해법은 강력하다. 식을 세우기는 세웠지만 답을 구하기 어려웠던 문제를 막 풀어낸다. 어떤 식이건 주어진 방법과 절차를 통해 답을 구해낸다. 매우 위력적이다. 문제에 따라, 상황에 따라 해법이 달라지지 않는다. 문제와 상황이 어떻든 방정식을 푸는 것이라면 이 해법을 적용할 수 있다. 재료를 집어넣으면 물건이 나오는 공장처럼, 수식을 넣으면 답이 튀어나온다. 해법만 안다면 누구나 문제를 풀 수 있다.

방정식의 해법을 가능하게 했던 것은 물론 아이디어였다. 식을 형태만으로 보는 아이디어, 식을 변형할 수 있다는 아이디어, 특정한 꼴로 식을 변형해간다는 아이디어가 동원됐다. 이 아이디어들이 결합하여 해법이라는 아이디어를 만들어냈다.

식을 변형해가는 과정은 참 재미있다. 원하는 식을 얻기 위해, 자기가 하고 싶은 대로 식을 조작하고 변형한다. 자신의 입맛대로, 자신의 아이디어대로 하나의 식을 다른 식으로 변형해갈 수 있다. 세계를 재배치하고, 재구성하는 작업이다. 익숙해지기만 한다면, 얼마든지 재미난 놀이가 될 수 있다.

1차·2차방정식의 해법

꽃송이 문제는 x가 1차인 1차방정식 문제였다. 모든 1차방정식을 정리하면 결국은 $ax = b$꼴이 된다. x가 포함된 식은 좌변으로, 수는 우변으로 구분하여 정리한다. 이 식의 해는 다음과 같다.

$$ax = b \qquad a \neq 0 \text{이면 } x = \frac{b}{a}$$

$a = 0$이고 $b = 0$이면 x의 값은 모든 수 ($0 \times x = 0$이므로, 어떤 x라도 식을 만족한다.)

$a = 0$이고 $b \neq 0$이면 식은 불능 ($0 \times x = b$, 좌변은 항상 0, 우변은 0이 아니므로 식이 성립하지 않는다. 불능)

중학수학에서는 2차방정식의 해법도 소개한다. 2차방정식은 x의 차수가 2이다. 모든 2차방정식을 정리하면 $ax^2 + bx + c = 0$이다. 이 방정식을 어떻게 해서 '$x =$ 수'꼴로 바꿀 것인가? 이 질문이 2차방정식 해법의 열쇠다. x에 대한 2차식을 x에 대한 1차식으로 바꾼다는 게 가당키나 할까? 1차방정식은 처음 문제도, 바꾸고자 했던 목표도 1차식이었다. 조금만 변형한다면 '$x =$ 수'꼴로 변형 가능하다. 그러나 2차방정식은 다르다.

2차방정식의 해법을 얻기 위해서는 새로운 아이디어가 필요하다. 1차방정식을 풀기 위한 아이디어만으로 2차방정식을 풀어내기는 어렵다. 수정하든 추가하든 해야 한다. 해법을 만들어냈을까? 그렇다. 기발한 아이디어를 통해 2차방정식으로부터 '$x =$ 수'꼴을 유도했다.

우리가 얻고자 하는 식의 형태는 '$x =$ 수'꼴이다. 2차항이 사라지지 않는 한 2차방정식으로부터 '$x =$ 수'꼴을 얻기는 불가능하다. 그렇다고 멀쩡한 항을 무턱대고 지워버릴 수도 없다. 그래서 생각하게 된 아이디어가 있다. 2차방정식을 1차방정식의 곱으로 바꾸는 것이다.

$$ax^2 + bx + c = 0 \longrightarrow a(x-t)(x-s) = 0 \ (t, s \text{는 상수다.})$$

이 전략을 이해하기 위해 구체적인 방정식으로 생각해보자. $x^2 - 2x - 3 = 0$이라는 방정식을 풀고자 한다. 만약 이 방정식을 $(x-3)$ $(x+1)=0$과 같이 1차식의 곱으로 바꾼다면 어떻게 될까? $(x-3)$ $(x+1)=0$은 $(x-3) \times (x+1)$이 0이 되게 하는 값이 해라는 뜻이다. $(x-3) \times (x+1)$이 0이 되려면 경우는 딱 두 가지다. $(x-3)=0$이거나 $(x+1)=0$이거나. 이렇게 되면 1차식이 나온다. 1차식은 우리가 얼마든지 풀 수 있다. 결국 $x=3$이거나 $x=-1$이다.

2차방정식을 두 1차식의 곱이 0이라는 식으로 바꾸기만 하면 해를 구할 수 있다. $ax^2 + bx + c = 0$을 $a(x-t)(x-s)=0$으로 바꾼다면 해는 t 또는 s가 된다.

이제 관건은 '2차방정식을 어떻게 해서 두 1차식의 곱이 0이라는 형태로 바꿀 거냐?'이다. 이렇게 변형만 한다면 2차방정식도 거침없이 풀린다. 이 작업을 위해 등장한 게 인수분해다. 인수분해란 덧셈과 뺄셈으로 연결된 식을, 식들의 곱으로 바꾸는 기법이다. 그런데 인수분해의 기법에도 한계가 있다. 잘 되는 경우와 안 되는 경우가 있다. 모든 2차방정식을 풀 수 있는 해법으로는 부족하다. 그래서 또 생각해낸 방법이 2차방정식을 거듭제곱꼴로 바꾸는 것이다.

$$ax^2 + bx + c = 0 \longrightarrow a(x-k)^2 = r \ (k, r은 \ 문자가 \ 아닌 \ 수다.)$$

이 아이디어도 수로 바꿔서 그 위력을 실감해보자. $x^2 - 4x + \dfrac{15}{4} = 0$을 푼다고 하자. 인수분해의 방법으로 이 방정식을 두 1차식의 곱으로 바꾸기는 쉽지 않다. 그렇지만 거듭제곱꼴로 바꾸는 건 가능하다. (거듭제곱꼴로 바꾸는 방법은 교과서에서 배우시라!) 이 식을 거듭제곱꼴로 바꾸면 다음과 같다.

$$x^2 - 4x + \frac{15}{4} = 0 \longrightarrow (x-2)^2 = \frac{1}{4} = {\frac{1}{2}}^2$$

$(x-2)^2 = {\frac{1}{2}}^2$을 잘 생각해보면 $(x-2)$는 $+\frac{1}{2}$ 또는 $-\frac{1}{2}$이다. 그래야 이 식을 만족한다. $(x-2)$의 값이 두 개로 압축되었다. $x-2 = +\frac{1}{2}$, $x-2 = -\frac{1}{2}$. 우리가 그토록 원하던 1차방정식을 얻었다. 이 방정식을 푸는 건 쉽다. 풀면 x는 $\frac{3}{2}$과 $\frac{5}{2}$이다. 방정식이 풀렸다. 2차방정식을 거듭제곱꼴로 바꾸면 방정식은 이렇게 풀리고 만다. 중요한 건, 어떤 2차방정식이든 거듭제곱꼴로 변형된다는 사실이다. 그 결과는 이렇다. 그 해가 그 유명한 근의 공식이다.

$$ax^2 + bx + c = 0 \rightarrow \left(x + \frac{b}{2a}\right)^2 = \frac{(b^2 - 4ac)}{4a^2} \rightarrow x = \frac{-b \pm \sqrt{b^2 - 4ac}}{2a}$$

2차방정식 $\rightarrow$ 거듭제곱꼴 $\rightarrow$ x의 값을 구한다.

2차방정식의 해법도 알고 보면 1차방정식의 해법을 확장한 것이다. 1차식을 얻어내기 위해 거듭제곱꼴로 식을 변형했다. 거듭제곱꼴로 바뀐 2차방정식은 두 1차식의 곱이 0인 꼴로 분해된다. 그러면 각 1차방정식을 통해 해가 나온다. 중간단계를 거쳐 문제를 해결하는 고단수 해법이다. 당구의 쓰리쿠션과 같다. 3차원 문제에 어울리는 3차원 해법이다.

3차원 해법: 3차원 문제 $\longrightarrow$ 2차원 문제 $\longrightarrow$ 1차원 문제 $\longrightarrow$ 1차원 해법

11

자료와 가능성,
통계와 확률로

자료와 가능성은 일상생활에서 접하는 여러 데이터를 모으고, 분류하며, 데이터를 정리하는 영역이다. 수많은 데이터로 넘쳐나는 현대사회에서 갈수록 중요해지고 있다. 넘쳐나는 데이터의 늪에 빠지지 않고, 데이터를 활용할 수 있으려면 데이터를 다룰 줄 알아야 한다. 초등수학부터 그 방법을 익혀간다.

초등수학의 자료: 모으고, 분류하여 그래프로 나타내다

먼저 대상들을 분류한다. 분류에서 중요한 것은 기준이다. 무엇을 기준으로 할 것인지를 명확하게 하고, 그 기준에 따라 분류한다. 분류의 결과를 표에 기록한다.

스포츠를 나만의 기준에 따라 분류해 보세요.

야구 배구 농구 축구 수영 탁구

스키 아이스하키 행글라이더 핸드볼 피겨스케이팅 봅슬레이

- 어떤 기준에 따라 분류하였는지 말해 보세요.

- 자신이 정한 기준에 따라 스포츠를 분류하여 이름을 써 보세요.

초등 2-1 분류하기

윷을 열 번 던져 나오는 모양을 아래 표에 ○표 하세요.

윷 모양

순서(번째) 윷 모양	1	2	3	4	5	6	7	8	9	10
도										
개										
걸										
윷										
모										

- 자료를 보고 표로 나타내 보세요.

윷 모양별 나온 횟수

윷 모양	도	개	걸	윷	모	합계
나온 횟수(번)						

초등 2-2 표와 그래프

166

다음은 결과를 보기 좋게 그래프로 표현한다. 그래프에는 여러 가지가 있다. 용도에 맞게, 상황에 적합한 그래프를 선택해 사용하면 된다.

좋아하는 학생 수

종류	학생 수
축구	
수영	
배드민턴	
달리기	

초등 3-2 자료의 정리

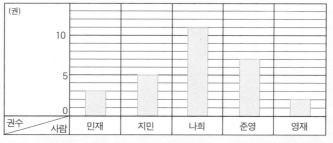

한 달 동안 읽은 책의 권수

초등 4-1 막대그래프

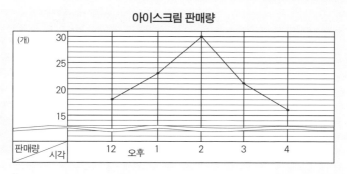

아이스크림 판매량

초등 4-2 꺾은선그래프

마지막으로는 자료를 대표할 수 있는 값으로서 평균값을 배운다.

초등수학에서는 기준을 정해 자료를 구분하고, 그 자료를 일목요연하게 표로 기록하고, 그 자료를 그래프와 대푯값으로 표현하는 법을 다룬다. 필요할 때 활용할 수 있는 방법과 자료를 소개한다. 용도별로, 경우별로 해당되는 기법을 배운다. 주로 자료를 모으고, 정리하는 쪽에 무게중심이 가 있다.

초등 5-2 자료의 표현

중학수학의 자료: 통계라는 분야로!

자료 영역은 중학수학에서 통계라는 이론으로 자리 잡는다. 초등수학의 내용이 연결되며 확장될 뿐만 아니라 자료를 분석해내는 새로운 기법이 추가된다. 초등수학에 비해 자료를 분석하고 활용하는 쪽에 비중을 실어 공부한다.

중학수학에서 새로 등장하는 것이 '줄기와 잎 그림'이다. 공통부분과 차이 나는 부분을 줄기와 잎 모양으로 표현하는 방법이다. 자료를 구간으로 나눠서 분류하는 '도수분포표'도 새롭게 나온다. 자료를 나누는 구

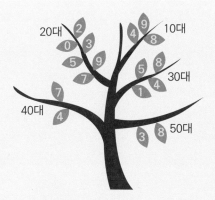

영어회화반 신청자 나이 (3 | 4는 34세)

줄기	잎
1	4 8 9
2	0 2 3 5 7 9
3	1 4 5 8
4	4 7
5	3 8

중1 통계

다음의 표는 민주네반 30명의 키를 조사한 것이다. 10cm 간격으로 총 6구간으로 나눠, 각 구간에 속하는 학생의 수를 기록해놓았다.

키(cm)		학생 수(명)
140 미만	/	1
140~149	//	2
150~159	卌 卌	10
160~169	卌 卌 ///	13
170~179	///	3
180 이상	/	1
합계		30

표에서와 같이 변량을 일정한 간격으로 나눠놓은 구간을 **계급**, 그 구간의 너비를 **계급의 크기**, 각 계급에 속하는 자료의 수를 **도수**라고 한다. 이 표처럼 자료를 몇 개의 계급으로 나눠, 각 계급에 속하는 도수의 크기를 기록해놓은 표를 **도수분포표**라고 한다.

중1 통계

간을 계급이라고 하고, 그 계급에 해당하는 자료의 개수를 도수라고 말한다. 계급과 도수가 필요한 이유는 많은 데이터를 효율적으로 처리하기 위해서다. 정확도는 조금 떨어질 수 있지만, 그만큼 데이터를 다루기가 수월해진다.

히스토그램이라는 그래프도 새로 소개된다. 도수분포표를 그려놓은 그래프다. 구간을 계급에 따라 나누고, 각 계급별 도수를 직사각형으로 표시해놓은 그래프다. 초등수학의 막대그래프와 비슷하지만 구간의 표시가 다르다. 막대그래프에서는 구간이 종류별로 끊어져 있지만, 히스토그램에서는 구간이 몸무게 '40kg 이상 45kg 미만', '45kg 이상 50kg

미만'과 같이 연속으로 이어져 있다.

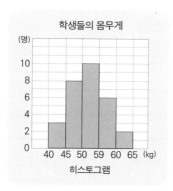

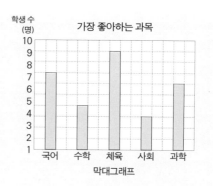

자료 정리보다는 자료의 해석

통계는 자료를 다루는 독자적인 분야이다. 통계는 물론 자료를 모으고 분류하고 기록하는 작업으로부터 시작한다. 초등수학에서 주로 했던 활동들이다. 그러나 자료 수집은 자료를 분석하고 활용하기 위한 사전작업이다. 통계에서 진짜 중요한 활동은 수집된 데이터로부터 알고 싶은 결과나 해석을 뽑아내는 것이다. 데이터 분석활동이 중학수학의 통계가 주목하는 지점이다. 자료를 대표하는 대푯값도 평균값 이외에 중앙값과 최빈값도 등장한다. 자료의 한가운데 값이 중앙값, 가장 빈번하게 나오는 값이 최빈값이다.

산포도는 중학수학에서 처음 등장하는 개념이다. 산포도(散布度)란 흩어져 있는 정도(degree of scattering)를 말한다. 평균이나 중앙값과 같은 자료의 대푯값으로만 자료를 볼 때 발생할 수 있는 오류를 덜기 위한 개

넘이다. 대푯값은 같더라도, 그 자료가 대푯값 근처 가까이에 골고루 분포하는지, 넓게 분포하는지를 알려준다. 산포도가 작을수록 자료들이 대푯값에 몰려 있다는 것이고, 산포도가 클수록 대푯값으로부터 멀리 떨어진 자료가 많다는 뜻이다. 산포도를 알면 자료의 분포상태까지 알게 된다. 자료를 좀 더 꼼꼼하게 분석할 수 있다.

산포도를 구하기 위해서는 편차라는 것을 이용한다. 평균으로부터 얼마나 떨어져 있는가를 나타내는 게 편차다. 단순히 모든 편차를 더하면 0이 된다. 평균에서 떨어진 정도이니 평균보다 큰 자료의 편차는 +, 평균보다 작은 자료의 편차는 − 가 되어 합치면 결국 0이 된다. 산포도를 나타내기 위한 수단으로 편차의 합은 적당하지 않다. 그래서 생각해 낸 방법이 편차의 제곱이다. 제곱을 하면 모두 +가 되므로 편차를 이용해 산포도를 측정할 수 있다. 편차의 제곱에 대한 평균을 구하면 흩어져 있는 정도를 나타내는 값이 될 수 있다. 그 값이 분산이다.

분산은 편차의 제곱의 평균이다. 그런데 제곱의 평균이므로 분산의 값은 큰 편이다. 수치를 좀 더 줄이기 위해 고안한 아이디어가 분산의 제곱근이다. 그 값을 표준편차라고 하고, σ라는 기호로 표시한다. 이 표준편차를 산포도의 값으로 사용한다.

$$\text{분산}(\sigma^2) = \frac{(\text{편차})^2\text{의 총합}}{(\text{변량})\text{의 개수}}$$

$$\text{표준편차}(\sigma) = \sqrt{(\text{분산})}$$

가능성은 확률로!

초등수학에서는 어떤 사건이 일어날 가능성을 살짝 다룬다. 맛보기로 잠깐 언급된다. 우연처럼 발생하는 사건도 수학에서 다룬다는 점, 그 가능성을 구체적인 수로 표현할 수 있다는 점을 보여준다. 몇 가지의 경우와 문제를 통해 가볍게 연습을 해보는 정도다.

＃ 주머니 속에 흰색 바둑돌 2개와 검은색 바둑돌 3개가 있습니다. 상자에 손을 넣어 바둑돌 한 개를 꺼내려 합니다. 다음을 알아보세요.

• 꺼낸 바둑돌이 흰색일 가능성을 어떤 수로 나타낼 수 있습니까?

• 꺼낸 바둑돌이 검은색일 가능성을 어떤 수로 나타낼 수 있습니까?

• 알아본 가능성을 수직선에 나타냈습니다. ㉠, ㉡, ㉢, ㉣, ㉤, ㉥이 어떤 가능성을 나타내는지 말해 보세요.

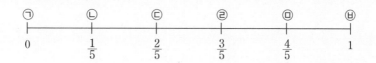

초등 5-2 자료의 표현

가능성은 중학수학에서 확률이 된다. 경우의 수를 이용해 사건이 일어날 가능성을 수로 표현한다. 어떤 사건 A가 일어날 확률은, 사건 A가 일어날 경우의 수를, 일어날 수 있는 모든 경우의 수로 나눠준다. 그 값이 확률인데 p로 나타낸다. p는 확률의 영어인 probability의 약자이

각각의 경우가 일어날 가능성이 모두 같은 어떤 실험이나 관찰에서, 일어날 수 있는 모든 경우의 수는 n이다. 그중 사건 A가 일어날 수 있는 경우의 수는 a이다. 그럴 때 사건 A가 일어날 확률 p는 다음과 같다.

$$p = \frac{(\text{사건 A가 일어나는 경우의 수})}{(\text{모든 경우의 수})} = \frac{a}{n}$$

※확률은 보통 확률을 나타내는 영어 probability의 첫 글자인 p로 나타낸다.

예제1 1부터 10까지의 수가 하나씩 적혀 있는 10장의 카드가 있다. 그 카드 중 하나를 뽑을 때 소수가 적힌 카드를 뽑을 확률을 구하여라.

풀이 카드 하나를 뽑을 때 일어날 수 있는 경우의 수는 1부터 10까지 총 10가지다. 1부터 10까지의 수 중에서 소수는 2, 3, 5, 7의 4가지다. 그러므로 소수가 적힌 카드를 뽑을 확률은

$$\frac{4}{10} = \frac{2}{5}$$

이다.

중2 확률

다. 확률은 확실한 정도의 비율이라고 생각하면 된다. 기준량이 전체 경우의 수, 비교하는 양이 어떤 사건이 일어나는 경우의 수다. 확률을 정확히 구하기 위해서 다양한 사건의 경우의 수를 구하는 것도 아울러 배운다.

정의상 확률 p는 0보다 크고 1보다 작다. 사건 A가 일어날 경우의 수가 0이면 확률 p는 0이다. 사건 A가 일어날 경우의 수가 일어나는 모든 경우의 수와 같다면 확률 p는 1이다. 확률이 0이면 그 사건은 절대로 일어나지 않고, 확률이 1이면 그 사건은 반드시 일어난다.

복합적인 사건의 확률도 다루다

확률의 계산은 한 사건에만 제한되지 않는다. 사건과 사건이 복합되어 있는, 조금 더 복잡한 사건까지 다루게 된다. 다음의 경우는 구슬을 뽑을 때, 그것이 검은 구슬 또는 노란 구슬일 확률을 구하라고 한다. 두 개의 사건이 복합되어 있다.

＊ 주머니 속에서 구슬을 꺼내는 실험을 한다. 주머니에는 그림과 같이 붉은 구슬 3개, 노란 구슬 4개, 파란 구슬 3개, 검은 구슬 5개가 있다. 이 주머니에서 한 개의 구슬을 꺼낼 때, 다음 물음에 답해보자.

• 검은 구슬이 나올 확률을 구하여라.

• 노란 구슬이 나올 확률을 구하여라.

• 검은 구슬 또는 노란 구슬이 나올 확률을 구하여라.

중2 확률

복합적인 사건을 다룬다는 것은 그만큼 이 세상을 확률의 눈으로 폭넓게 보게 되었다는 것을 말한다. 복합적인 사건을 다루는 기본 전략은 복합적인 사건을 단순 사건으로 구분한 다음, 사건과 사건의 발생관계를 보는 것이다. 동시에 일어나는 사건인지, 따로따로 일어나도 되는 사건인지를 따져본다. 일어나는 사건을 면밀하게 따진다. 경우에 따라 확률을 구하는 방법이 달라진다. 동시에 일어나야 한다면 단순 사건의 '경우의 수'나 '확률'을 곱한다. 한 사건만 일어나도 되는 경우는 단순 사건의 '경우의 수'와 '확률'을 더한다.

중학수학에서 확률은 이론적인 체계를 갖춘다. 확률을 수학적으로 정의하고, 그 성질을 파악한다. 사건과 사건이 섞여 있는 복잡한 계산도 다뤄간다. 확률끼리의 계산까지도 해나간다.

12

측정은
이제 그만

측정은 우리의 주변에 있는 사물의 크기를 알아내는 활동이다. 대상으로부터 시간, 길이, 들이, 무게, 각도, 넓이, 부피 등을 알아낸다. 측정을 할 때는 측정의 단위가 필요하다. 단위를 들이대서 측정하고자 하는 대상의 크기를 측정한다. 시간, 길이, 무게, 각도 등에는 고유한 단위가 존재한다. 일상생활에서 주로 사용되는 단위는 다음과 같다.

시간 - 시간, 분, 초

길이 - mm, cm, m, km

넓이 - cm^2, m^2, km^2

부피 - cm^3, m^3, km^3

무게 - g, kg, 톤

들이 - ml, L

넓이나 부피는 길이를 활용해서 측정한다. 넓이는 정사각형 하나를 단위로 하여 측정하고, 부피는 정육면체 하나를 단위로 하여 측정한다. 그래서 넓이의 단위에는 길이의 곱인 제곱이 들어간다.(cm^2, m^2, km^2) 부피의 단위에는 세제곱이 들어간다.(cm^3, m^3, km^3)

초등 교과 과정에는 원주율 측정이나 도형의 넓이, 부피가 도형의 영역에 있지 않다. 측정 영역에 포함되어 있다. 사실 넓이나 부피의 측정은 일반 측정과 다르다. 넓이나 부피는 다른 측정처럼 단위를 들이대면 그 값이 바로 나오지 않는다. 길이를 측정하여 계산해야 하고, 직사각형이나 직육면체가 아닌 경우에는 변환을 해야 한다.

들이와 부피의 뜻을 정확히 알고 가자. 들이와 부피는 모두 공간의 크기를 말하지만 어떤 공간이냐가 다르다. 부피는 어떤 물건이 차지하는 공간의 크기다. 직육면체나 소파, 책처럼 일정한 공간을 점유하고 있는 물건을 대상으로 한다. 사람의 몸도 부피의 대상이 될 수 있다. 그 물건이 얼마나 큰 공간을 차지하고 있는지를 말해준다. 반면 들이는 컵이나 병처럼 안이 비어 있는 물건을 대상으로 한다. 비어 있는 공간의 크기가 들이다. 따라서 들이를 알면 그 안에 얼마의 액체를 채울 수 있는지 알게 된다.

측정 영역에서 어림도 언급된다. 어림이란 정확하게 측정하는 게 아니라 대강 헤아리는 것이다. 어차피 측정에는 오차가 있게 마련이어서, 측정 자체를 어림으로 볼 수도 있다. 어림에서는 이상, 이하, 초과, 미만, 올림, 버림, 반올림 등이 사용된다.

측정은 중학수학에서 어떻게 될까? 새로운 측정 단위를 배우며 그 영역이 유지될까? 중학수학이 경험으로부터 생각과 아이디어의 세계로 넘어갔다면, 측정은 중학수학과 잘 어울리지 않는다. 그 운명을 짐작할 법하다. 측정은 초등수학 때처럼 독자적인 영역으로 분류되지 않는다. 논리적이고 이론적인 수학으로 전환되어가면서 측정 영역은 사라진다. 다만 수학시간에 다루는 문제나 상황 속에서 중학수학 수준에 어울리는 단위나 측정이 등장할 뿐이다.

13

—

수학,
제대로 알고
시작하자

영역별로 초등수학과 중학수학의 변화를 살펴봤다. 우리는 초등수학과 중학수학이 판이하게 다르다는 것을 알 수 있었다. 초등수학은 수학을 갓 시작하는 초등학생을 위한 미끼수학일 뿐이었다. 중학수학이 수학의 진면목을 보여주는 시작이다. 얼핏 살펴봤던 중학수학을 통해 수학을 어떤 학문으로 보고 공부해가야 하는지 정리해보자.

수학은 현실과 관련이 없다

초등수학의 수는 사물의 크기로부터 만들어졌다. 셀 수 있고, 보여줄 수 있는 크기였다. 그래서 우리는 수학이 현실적인 대상을 다루는 학문으로 착각하기 쉽다. 그러나 음수를 통해 우리는 중학수학이 그렇지 않다는 것을 알게 되었다. 중학수학으로부터 수학이 다루는 대상은 현실적인 것들만이 아니다. 음수처럼 현실로 설명하기 어려운, 현실과는 무관한 대상들을 배우게 된다.

수학은 결코 현실적인 문제를 다루는 학문이 아니다. 오히려 이렇게 생각하자. 수학은 현실과 전혀 관계없는 학문이다. 현실에 기반을 두고, 현실에 매여 있는 학문이 아니다. 그런 수학을 사람들이 종종 현실에 응용할 뿐이다. 수학적일수록 수학은 현실과 거리가 멀어지고, 현실을 고려하지 않는다. 아인슈타인이 남긴 다음과 같은 말도 비슷한 맥락이다.

"수학 법칙이 현실을 설명하는 한 수학 법칙은 확실하지 않다. 수학 법칙이 확실한 한, 수학은 현실과 관련이 없다."

"As far as the laws of mathematics refer to reality, they are not certain; and as far as they are certain, they do not refer to reality."

수학이 변화를 겪는 과정은 그림이 변해가는 과정과 비슷하다. 그림을 처음 그리기 시작할 때 대부분은 사람이나 자연의 모습을 그린다. 그러다 나중에는 대상에 변화를 주는 그림을 담으려 한다. 보이는 사물의 모습으로부터 점점 멀어져간다.

수는 사물의 크기를 표현하면서 만들어졌다. 뭔가를 세면서 자연수가 등장했고, 1보다 작은 크기를 세기 위해서 분수와 소수가 나중에 만들어졌다. 그런데 이런 수만 존재하는 게 아니다. 현실의 사물과 무관한 수도 있다. 음수가 대표적이다. 고등학교에 가면 음수보다 더 이상한 수

피터르 몬드리안, 〈마을 교회〉, 1898 (왼쪽)
피터르 몬드리안, 〈꽃 핀 사과나무〉, 1912 (오른쪽)

몬드리안은 처음에 정물화를 그렸다.
그러다 보이는 그대로를 그리지 않고,
자신의 느낌이나 생각을 반영해 대상을 변형해갔다.
오른쪽 그림은 꽃 핀 사과나무를 그린 작품이다.
꽃 핀 사과나무로 보이는가?

피터르 몬드리안, 〈블루 그레이와 핑크가 있는 구성〉, 1913 (위)
피터르 몬드리안, 〈구성 10〉, 1939~1942 (아래)

자신의 느낌과 감정, 상상력을 통해 그림을 그려가던 몬드리안.
그는 결국 그만의 독자적인 그림 세계를 구축했다.
수평선과 수직선을 이용하여 공간을 나누고, 빨강, 파랑, 노랑을
주로 이용해 색을 칠했다. 맑고, 차갑고, 고요한
그만의 독립적인 세계를 그림으로 표현했다.
수학도 수학 고유의 세계를 이미 구축했다.

들이 또 등장한다. 궁금하지 않은가! 어떤 수들이 나올지, 인류가 또 어떤 수들을 발견하거나 만들어냈는지!

수학은 이미 현실로부터 분리되었다. 현실이라는 울타리를 진즉에 벗어났다. 그렇게 된 지 오래됐다. 현실로부터 시작된 수는 나중에 현실을 넘어섰고, 결국 현실로부터 독립했다. 수 나름대로의 규칙과 질서를 구축하면서 현실과는 다른 세계를 형성했다. 수학은 우리가 사는 현실의 세계와 규칙이 다른 세계다. 이런 특성을 잘 표현한 수학의 정의 하나를 보자.

"수학은 구조와 질서, 관계의 과학이다. 이는 수 세기, 측정하기, 사물의 모양 묘사와 같이 아주 기본적인 행위로부터 진화해왔다."

"Mathematics is the science of structure, order, and relation that has evolved from elemental practices of counting, measuring, and describing the shapes of objects." (Encyclopedia Britannica, 2006.)

수학은 아이디어가 살아가는 이상한 나라

그렇다면 수학은 어떤 세계일까? 한마디로 수학은 아이디어의 세계다. 아이디어가 태어나고, 자라며, 증식해가는 곳이다. 아이디어는 처음에 현실의 사물로부터 시작되었다. 그러다 현실로부터 벗어나면서 수학에는 아이디어만 남게 되었다. 아이디어를 통해 새로운 아이디어는 생겨난다. 더 좋은 아이디어에 의해 예전의 아이디어는 교체된다. 아이디어의 꼬리를 물고, 아이디어가 무한히 뻗어가는 세계다.

1+1＝2다. 이로부터 1+3＝4, 43+92＝135와 같은 무수한 덧셈이 나온다. 1+3＝4라는 덧셈으로부터 4−3＝1 또는 4−1＝3이라는 뺄셈도 나온다. 2+2+2+2와 같은 반복적인 덧셈도 가능하다. 이 덧셈으로부터 곱셈이 나온다. 반복적인 덧셈이 있다면 반복적인 곱셈도 가능하다. 3×3×3×3. 이 곱셈으로부터 3의 4제곱(3^4)이 나오며 거듭제곱이 등장한다. 우리의 생각은 여기서 더 나아간다. 4의 자리에 자연수가 아닌 분수나 음수가 들어갈 수는 없을까? 즉, $3^{\frac{2}{5}}$이나 3^{-4}도 가능하지 않을까? 이 생각에 대한 결론을 뽑아낸다면 $3^{\frac{2}{5}}$이나 3^{-4}은 수학나라의 일원이 된다. 이처럼 아이디어는 꼬리에 꼬리를 물고 계속 확대된다. 3을 $\frac{2}{5}$번 곱하고, −4번 곱하는 게 가능하다고 생각하는가? 우리의 현실에서는 불가능하게 느껴진다. 그러나 수학에서는 가능하다. 신기하고 이상한 나라이지 않은가!

수학은 그저 아이디어 또는 생각의 세계이다. 음수에 적절한 아이디어를 부여해 음수를 정의했듯이 적절하게 정의만 해준다면 수학이 된다. 수학은 아이디어를 찾고, 발굴하고, 만들어가는 아이디어의 세계다. 패턴은 수학이 선호하는 대표적인 아이디어다. 수학에 대한 몇 가지 정의는 수학의 이런 면을 잘 보여준다.

"수학은 필요한 결론을 이끌어내는 과학이다."

"Mathematics is the science that draws necessary conclusions."

(미국의 수학자, 벤자민 피어스, 1870)

"수학은 다른 것들에게 같은 이름을 부여해주는 예술이다."

로그너 바트 블루마우, 오스트리아, 1997년 건축

훈데르트바서(Friedensreich Hundertwasser, 1928~2000)가
지은 건축물이다. 자연에는 직선이 없다는 신념을 기반으로 해서,
자연주의적이고 친환경적인 호텔을 지었다.
그는 자신의 아이디어와 감각을 건축물을 통해 표현했다.
수학은 아이디어를 식과 기호, 패턴으로 표현한다.

"Mathematics is the art of giving the same name to different things."

(프랑스의 수학자, 앙리 푸앵카레, 1908)

"수학자도 화가나 시인들처럼 패턴을 만든다. 만약 수학자의 패턴이 화가나 시인의 것보다 더 영속적이라면, 그것은 아이디어로 만들어졌기 때문이다."

"A mathematician, like a painter or poet, is a maker of patterns. If his patterns are more permanent than theirs, it is because they are made with ideas."* (영국의 수학자, G. H. 하디, 1940)

"수학은 가능한 모든 패턴들을 분류하고 탐구하는 것이다."

"Mathematics is the classification and study of all possible patterns."

(영국의 수학자, 월터 워릭 소여, 1955)

규칙과 질서가 만들어내는 드넓은 세계

수학이 생각과 아이디어의 세계라지만, 무작정 마음 내키는 대로 생각하는 세계는 아니다. 그 세계 나름대로의 규칙과 질서가 있다. 그 규칙을 준수해야 한다. 과정은 철저히 논리적이어야 하고, 아이디어는 증명되어야만 한다.

수학의 규칙은 간단하다. 1＋1＝2가 된다는 게 규칙이다. 현실에서

---

* G. H. 하디, 『어느 수학자의 변명』, 정회성 옮김, 2011, 47쪽.

파울로 우첼로, 〈산 로마노의 전투〉, 1438~1440

화가는 원근법에 심취했다.

사물의 크기와 위치, 방향은 원근법의 규칙을 지켜야 했다.

그림 아랫부분의 부러진 창이나 쓰러진 사람을 보라.

원근법의 방향에 맞도록 배열되어 있다.

아무렇게나 널브러져 죽어서는 안 된다.

규칙을 지켜 죽어야만 한다.

수학은 더 철저하다. 반드시 규칙을 지켜야만 한다.

는 물 한 방울과 물 한 방울이 합쳐지면 다시 물 한 방울이다. $1+1=1$ 이 된다. 그런데 수학에서 $1+1$은 언제나 2가 되어야 한다. 이 규칙이 반드시 지켜져야 한다. 이 규칙을 토대로 해서 아이디어를 전개해가는 게 수학이다.

$1+1=2$의 규칙만 지켜진다면 수학에서는 뭐든 가능하다. $1+1=2$ 이기에 $5-3=2$이고, $3\times5=15$이며, $1\div0$은 불능이다. $1+1=2$이기에 직각삼각형 세 변의 길이관계를 다루는 피타고라스 정리$(a^2+b^2=c^2)$ 도 성립한다. 이 아이디어가 지켜졌기에 20세기 말에 풀린 수학 최대의 난제 중 하나였던 페르마의 마지막 정리도 성립한다.

수학이 발전하면서 굉장히 많은 아이디어가 등장했다. 덧셈이나 뺄셈 처럼 간단한 것도 있지만 문제 자체를 이해할 수 없을 정도의 아이디어 도 많다. 간단한 아이디어의 경우 규칙을 잘 지켰는지의 여부를 판가름 하는 것은 쉽다. 그렇지만 복잡한 아이디어의 경우는 확인이 매우 어렵 다. 그래서 수학에서는 규칙을 따라 아이디어를 전개해가는 방법과, 규 칙을 통해 아이디어를 잘 전개해갔는지를 확인해보는 방법이 발달했다.

중학수학을 시작하면서 꼭 지녀야 할 태도가 논리적으로 따져보는 습관이다. 답보다 더 중요한 것은 그 답에 이르도록 한 과정과 이유이 다. 이유 없이, 근거 없이 식을 전개하면 답이 맞았다고 할지라도 답으 로 인정받지 못한다. 과정이 제시될 때 비로소 답으로 인정받는다. 꼼꼼 하게 따져보는 태도를 갖추지 못하거나, 이런 태도를 봐줄 수 없다면 중 학수학을 공부하기란 쉽지 않다.

초등수학		중학수학
수와 연산	→	수와 연산, 문자와 식(수의 확장)
도형	→	기하학
측정	→	문제와 상황 속으로
규칙성	→	함수
자료와 가능성	→	확률과 통계

초등수학의 영역은 중학수학으로 넘어가면서 이렇게 바뀐다. 수와 연산은 여전히 그대로다. 새로운 수가 계속 나오기에 어쩔 수 없다. 고등수학에서도 새로운 수, 그 수에 맞는 연산이 나온다. 도형은 기하학으로 간판을 바꿨다. 규칙성은 함수로, 자료는 통계로, 가능성은 확률로 독립하여 간판을 내걸었다. 측정이 사라지고, 문자와 식이 새로 등장했

다는 게 눈에 띄는 변화다. 그렇지만 갑자기 사라지고 등장한 건 아니다. 초등수학의 측정은 문제와 상황 속으로 스며들어갔고, 중학수학의 문자와 식은 초등수학에서 □, △로 사용되던 수가 바뀐 것이다.

영역의 내용으로 보면 초등수학과 중학수학은 크게 다르지 않다. 정말 새로운 영역은 없다. 초등수학의 영역이 발전하면서 변화했다. 영역의 이름을 바꾸고, 한 영역이 두 개의 영역으로 쪼개지고, 한 영역이 골고루 분산되었다. 가게 간판을 바꾸고, 가게를 쪼개 두 개로 만들고, 가게를 없애 역할을 분담한 것과 같다.

그러나 중학수학은 이름만 그럴싸하게 바뀐 게 아니다. 이름은 변화의 결과이지, 원인이 아니다. 그 변화를 알아차리고, 그 변화에 발맞춰 학생도 공부해가야 한다. 그래야 중학수학이 더 쉬워진다.

중학수학의 변화는 수학의 입장에서 어쩔 수 없다. 수학이 그렇게 흘러왔으니, 그렇게 변해가는 건 자연스럽다. 중학수학부터 수학은 더 솔직한 모습으로 다가온다. 그런 수학을 향해 돌을 던질 수 있을까? 그게 수학의 본모습인데, 왜 그러냐고 비판할 수 있을까? 그럴 수 없다. 그렇다면 남은 문제는? 그런 수학을 어떻게 공부해갈 것인지, 학생들이 즐겁게 공부하도록 어떻게 환경을 만들어갈 것이냐.

중학수학이 왜 더 어렵게 느껴지는 걸까? 우리가 처음에 던졌던 질문이다. (많고도 많은 이유가 있겠지만, 수학과 학생의 관계만 생각해보자면) 수학은 180도 변했는데, 학생은 별로 달라진 게 없기 때문이다. 학생이 수학의 변화를 수긍하며 따라갈 수 있는 환경과 분위기를 제공하지 않은 탓이다.

학생들은 중학수학의 관점을 잘 받아들일 충분한 시간을 갖지 못했다. 그래서 중학수학이 더 어렵게 느껴지는 것이다. 생각이란 게 그리 쉽게 바뀌지 않는다. 생각에도 관성이 있어 힘과 시간이 들어가야만 바뀌게 된다. 경험이 쌓이고 쌓여, 새로운 생각이 필요해질 때에야 비로소 다른 사고방식이 눈에 들어오는 법이다. 사실 중학수학에서 선보이는 사고방식이 역사적으로 등장하기까지도 오랜 시간이 걸렸다. 학생들도 그런 시간을 거쳐 중학수학을 배운다면 자연스럽게 공부할 수 있다.

그렇다고 학교를 관두거나, 배우는 것을 미룰 수만도 없다. 자연스럽게 배울 수 있을 때까지 마냥 기다릴 수 있는 사람은 많지 않다. 그러면 방법은 없는 걸까? 있다. 하늘이 무너져도 살아날 구멍은 있다고 했듯이.

낯선 곳을 여행하는 마음으로

수학에 길들여져라. 그게 방법이다. 수학을 길들이려 하지 말라. 수학은 절대 길들여지지 않는다. 학생들이 아무리 욕하고 투덜대더라도, 수학은 수학의 길을 꿋꿋하게 걸어간다. 학생이 생각을 바꾸는 게 신상에 이롭다. 중학수학이라는 신세계를 기꺼이 받아들여라. 처음에는 낯설고 어색하고 힘들겠지만 적응만 한다면 흔쾌히 가볼 만한 길이다.

음수를 생각해보자. 음수를 받아들이는 고통을 감내하자 어떤 일이 벌어졌는가? 그 이전과는 다른 생각을 할 수 있었고, 그 생각을 통해 이전에 보지 못했던 세계를 볼 수 있었다. 중학수학을 품을 수 있다면, 생각은 그만큼 확장되고 세상을 보는 안목 또한 그만큼 깊어질 것이다.

수학에 끌려 다니라는 뜻이 아니다. 중학수학의 관점과 방법에 익숙해지는 게 길들여지는 것이다. 수학의 관점과 방법을 자신의 것으로 만드는 것이다. 수학을 공부한다는 것은 정말로, 낯선 곳을 여행하는 것과 같다. 어떤 마음과 태도로 여행을 해야 할까? 여행을 즐겁게 하려면 이전의 방식을 고집하지 말고 잠시 내려놓아야 한다. 새롭게 다가오는 것들을 긍정하며 익숙해질수록 여행은 흥미진진해진다.

자신을 수학에 길들여보라. 수학의 변화를 받아들이고, 적극적으로 자신을 한번 바꿔보라. 준비가 부족하다며 걱정할 필요 없다. 공부를 하면서 수학에 길들이면 된다. 우리는 '충분히' 그 환경에도 적응하며 잘 살아갈 수 있다. 카멜레온처럼, 흉내문어처럼!

$$1+2=2+1.$$

수냐샘의 중학수학, 이렇게 바뀐다

1판 1쇄 펴냄 2018년 1월 17일
1판 2쇄 펴냄 2020년 4월 17일

지은이 김용관

주간 김현숙 | **편집** 변효현, 김주희
디자인 이현정, 전미혜
영업 백국현, 정강석 | **관리** 오유나

펴낸곳 궁리출판 | **펴낸이** 이갑수

등록 1999년 3월 29일 제300-2004-162호
주소 10881 경기도 파주시 회동길 325-12
전화 031-955-9818 | **팩스** 031-955-9848
홈페이지 www.kungree.com | **전자우편** kungree@kungree.com
페이스북 /kungreepress | **트위터** @kungreepress

ⓒ 김용관, 2018.

ISBN 978-89-5820-506-7   03410

값 15,000원